我们一起解决问题

# THE PSYCHOANALYTIC MODEL OF THE MIND

# 精神分析心理模型

[美] 伊丽莎白·L. 奥金克洛斯

（Elizabeth L. Auchincloss）著

钱秭澍 译

人民邮电出版社

北京

**图书在版编目（CIP）数据**

精神分析心理模型 / （美）伊丽莎白·L.奥金克洛斯
著；钱秭澍译. -- 北京：人民邮电出版社，2019.6
ISBN 978-7-115-51072-3

Ⅰ. ①精… Ⅱ. ①伊… ②钱… Ⅲ. ①精神分析
Ⅳ. ①B84-065

中国版本图书馆CIP数据核字(2019)第065310号

## 内容提要

《精神分析心理模型》从精神分析创立之初的心理模型开始，一直梳理到自体心理学，清晰地呈现了各个主要学派所对应的理论重点与各自之间的区别与联系，本书类似思维导图的表格，更是将此予以结构化。本书作者呈现了以下观点：精神分析心理模型与以脑科学为基础的观点是一致的；精神分析心理模型与文化性精神治疗是一致的；精神分析心理模型与其他有名的心理模型是一致的，包括认知模型；我们可以用一定的方式呈现精神分析心理模型，从而允许心理学从业者使用一些彼此竞争的模型；精神分析心理模型的基本原理是被实证证据支持的。

对于学习精神分析的心理学学生与心理学爱好者，对于以精神分析流派思想为主要工作思路的心理学工作者，这都是一本不可多得的掌握精神分析整体结构的图书。

◆ 著 ［美］伊丽莎白·L.奥金克洛斯（Elizabeth L. Auchincloss）
　　译 钱秭澍
　　责任编辑 刘卫一 柳小红
　　责任印制 彭志环

◆人民邮电出版社出版发行　　　　北京市丰台区成寿寺路11号
　邮编 100164　电子邮件 315@ptpress.com.cn
　网址 https://www.ptpress.com.cn
　涿州市般润文化传播有限公司印刷

◆开本：700×1000　1/16
　印张：17.5　　　　　　　　　　　2019年6月第1版
　字数：280千字　　　　　　　　　2025年4月河北第24次印刷

著作权合同登记号　图字：01-2018-3674号

定　价：69.00元

# 中文版推荐序

自 1895 年《癔症研究》(*Studies on Hysteria*) 出版以来，精神分析已经走过了 120 多年的历程。其影响力也从心理学、精神健康领域不断扩展，渗透进了哲学、文学、艺术和社会学等众多学科。如今的精神分析，仿佛一株繁茂的参天大树，人们往往会被其叶片遮蔽而难以把握其全貌。实际上，精神分析思想的发展脉络和联系就如同树的主干和枝丫，是我们理解精神分析的必经之路。

现代社会和科学的发展，已经让人们意识到：其实对所谓的"真理"或"心理现实"的探寻远比我们原本想象的要复杂和困难得多。我们理解一个人的内心这个"黑匣子"的过程如同盲人摸象，对"心理现实"的真相的发掘其实是一个通过建立假设性模型不断建构的过程，那个最终能最大限度地解释心理现象并预测心理现象发生的模型就是最适合某个独特个体的"心理现实"。

通过阅读《精神分析心理模型》，读者可以了解到，目前的精神分析主要包括四大流派：经典精神分析、自我心理学、客体关系理论和自体心理学。本书首先介绍了心理模型的概念和意义，然后从精神分析的起源开始，深入浅出地逐步介绍了上述四个模型，又把四个模型整合起来，展示了精神分析心理模型的基本全貌。这种语言朴实、通俗易懂的写作方式让初次接触精神分析的读者能够顺利地入门，在一本不算厚的书中，把握精神分析的整体内容。

　　较有经验的读者读到这里，也许会想，按流派的纵向发展脉络来介绍精神分析的书籍有很多，《精神分析心理模型》也可以被很多已经出版的图书替代。如果仅此而已，本书也就落入了俗套。令人欣喜的是，在阅读本书的过程中，读者可以逐渐看到，每种流派都扩充了精神分析心理模型的维度，也分别从各个方面丰富了精神分析心理模型，让其越来越具有深度和广度。因此，在运用精神分析心理模型时，保持思路清晰很重要。借助奥金克洛斯的视角，读者可以从纵向（发展）和横向（纬度）两种角度清晰、有效地把握精神分析理论，而不是混杂、零散地使用一个又一个理论家的观点，又或者过度崇拜某个理论家而忽视了其理论的局限性。

　　对精神健康从业者而言，本书还有另外的闪光点——重视实证和科学性。谈及精神分析，很多心理学家都认为它不属于科学，从而不屑一顾。其中最明显的观点是，"精神分析能够解释一切"，所以它不具有可证伪性。在本书中，读者可以看到，精神分析理论在其发展的过程中始终开放地接受各种临床证据的检验，并不断地进行自我修正。实际上，在欧洲，精神分析属于有实证支持的四种心理学疗法之一。精神分析研究的主要是人的"主观体验"，这意味着我们确实很难用现有的研究工具对其进行证伪，因此，也有些人把精神分析视为一种主观科学。除此之外，本书也向我们展示了心理科学正逐渐与精神分析在某些方面产生交集，包括认知心理学和认知神经科学。主观体验必然是心理科学正在或将要研究的领域，而精神分析也必然会在一定程度上成为研究主观体验的理论宝库。《精神分析心理模型》让我们看到了这样的前景，也让我们能够科学地看待精神分析，增强在实践中使用该模型的信心。

　　本书的译者钱稀澍是北京大学临床心理学的硕士研究生。他一直对精神分析理论非常感兴趣，在该领域中不断深入地学习，也经常在课堂上与我探讨一些相关的问题。他发现，身边的同学对精神分析心理模型很感兴趣，也想运用它们，但是，在分析具体案例的时候又往往缺少框架，常常疑惑该如何联系理论，又该联系哪种理论。有时，同学们对理论的掌握也略显混乱和模糊。最初接触精神分析理论时，钱秭澍也曾有过同样的体会。为此，他付出了很多精力和时间，不断地摸索学习方法。《精神分析心理模型》在国外出版后，他惊喜地发现，这本书可以在很大程度上帮助同学们跨越这样一个混乱的时期。我强烈赞同他的观点，同时也对钱秭澍的英文功底非常赞赏。

　　总之，我十分推荐《精神分析心理模型》这本书。此书既可以作为心理学专业读者初学精神分析的入门书籍，也可以作为书架上不可或缺的经典读物，为希望了解精神分析全貌的心理学爱好者们所收藏。

钟杰

2019 年 4 月 10 日于北京大学哲学楼

# 英文版推荐序

奥托·F. 科恩伯格（Otto F. Kernberg），医学博士

我们很难清晰、全面、深入地讲述当代精神分析理论，包括从中衍生出来的、针对其主要内容的众多思想体系。同时，要想充分说明精神分析与邻近学科之间的关系更是一种挑战。在本书中，伊丽莎白·L. 奥金克洛斯做到了这一点。阅读本书后，心理学家和心理健康工作从业者以及其他领域希望利用精神分析促进自己工作的人士可以更好地把握精神分析心理模型，把这些精妙的知识应用到心理研究和实践的领域中。对于已经受训过的精神分析师，本书展示了一个原创而广博的参考框架，澄清了精神分析界一直在探索、辩论的问题和争议。它也自然而然地成为《精神分析术语和概念》（*Psychoanalytic Terms and Concepts*）的姊妹篇。《精神分析术语和概念》于 2012 年出版，由山姆伯格（Samberg）和奥金克洛斯合著，是一部十分优秀的著作。在书中作者用清晰、准确的术语阐明了整个精神分析的概念和用词。如今，奥金克洛斯的新书又全面整合了这些概念和用词。《精神分析心理模型》也可以被看作许多年前出版的《精神分析入门》（*An Elementary Textbook of Psychoanalysis*）[作者查尔斯·布伦纳（Charles Brenner）] 的升级版，而且更加精确、全面。

本书提出的精神分析理论的基本框架包括五个维度：地形学、动机、结构、发展和心理病理学 / 治疗。这些维度继承了弗洛伊德的遗产，包括他的

基本发现——动力性无意识，他对无意识动机力量的理论（力比多与攻击的双驱力理论）以及驱力的动力性表达（驱力与现实要求之间会产生冲突，针对驱力的防御操作体现了这些动力性表达）。地形学模型展现了冲突在无意识和意识等各个层面的变迁；结构模型展现了防御操作的组织形式；发展模型则展现了生命历程中早年和后续阶段各有什么样的特征。精神分析通过探索心理障碍揭示了冲突所导致的适应不良的后果。这些后果包括生理和心理症状、性格刻板，以及心理社会功能中一系列自我挫败的、可能带来危险的缺陷。精神分析治疗师们也研究出了一些具体的处理办法，让我们可以治疗上述这些心理障碍。

奥金克洛斯以整个精神分析理论的广阔领域为背景，按照上述维度，全面探索了心理动力学理论与咨询 / 治疗的当代进展。同时，她又结合历史发展的线索，描述了当前相互竞争的四种精神分析流派是如何发展和形成的。这些流派包括早期经典的"本我"激发模型（主要反映了地形学维度）、自我心理学流派（主要从结构模型中发展出来）、革命性的当代客体关系观点（从发展的角度入手，关注自体和内化的人我关系的结构变迁）以及自体心理学（针对自体变迁的独特流派）。

奥金克洛斯的受训背景是美国的自我心理学（20世纪下半叶，自我心理学是美国盛行的精神分析流派），但是，她也十分关注其他流派的新观点，尤其是以克莱因学派为代表的当代客体关系模型、关系流派以及（某种程度上的）自体心理学。她也探索了法国精神分析流派（在拉丁语系国家很盛行），该流派重视弗洛伊德的地形学模型，十分强调弗洛伊德的双驱力理论，关注原始俄狄浦斯冲突的重要地位。在美国，虽然法国精神分析流派不如关系流派和克莱因学派有名，却有着十分重要的贡献——它分析了婴儿性欲的变迁和病理性后果，以及婴儿性欲与攻击和性倒错之间的关系。法国分析师们重视心理运作中共时性和历时性方面的动力机制。在他们的结构性观点下，他们认为，语言是无意识动力机制的具体表现，而且，他们也十分强调语言的这种功能。

奥金克洛斯不仅详细描述了当代精神分析理论的众多方面，也在全书中一直强调以下两者间的联系：（1）精神分析邻近领域中的科学进展，尤其是神经科学；（2）社会文化如何影响了婴儿心理体验的早期发展阶段。奥金克洛斯描述了与精神分析模型有关的或对应的神经科学发现，用实证证据将两者关联起来。这表明，奥金克洛斯一直以当前其他相关领域的科学进展为背景来探索精神分析的心理观点。

我很赞成这种做法，同时补充一个更重要的同期发展领域——情感神经科学。当代的情感理论认为，情感系统是心理的基本动机系统。神经生物学研究了情感的激活、表达和记录，证明了早期客体关系发生在正性和负性情绪均高度激活的背景下。实际上，情感神经科学与精神分析客体关系理论也许会成为神经生物学与心理动力学进展之间最重要的联结。目前，我们正在探索情感与驱力理论之间的关系。早期内化的、自体与他人之间的动力关系，是不是"三我"心理结构的砖瓦？或者，自体与他人之间的情感联结，是不是心理驱力的基本成分？

至此，我们进入了目前精神分析学者和研究者争论、探寻的核心地带。《精神分析心理模型》为读者提供了一个明确聚焦的定位框架，展示了今天的精神分析理论位于何处，也为这些议题提供了启发。同时，它也是一本精神分析模型的优秀导论，可以帮助所有与心理治疗有关的心理健康从业者，是所有运用心理动力学疗法的咨询／治疗师的必备读物。

# 译者序

初次阅读《精神分析心理模型》时，我总有种想翻到书的最后的冲动，总想提前看看作者所说的整合模型到底是什么，但我按捺住了。希望中文版的读者也可以发挥自我的力量，压制住这种冲动。因为，只有顺着全书的脉络慢慢读下去，才能体会到作者奥金克洛斯的清晰和缜密的思维过程。她从"什么是心理模型"这个最初的问题开始，一步步抽丝剥茧，为我们展现了精神分析主流心理模型的全貌。而最后的图表，既像是个完美的句号，总结了所有重要的观点，又像是一扇门，让读者能够借此开启更为深入的精神分析学习。因此，不管是作为精神分析的入门读物，还是作为具有一定基础的读者的思维整合的指导图书，我都盼望读者能够从阅读本书的过程中有所收获。这样，译者的工作才算真正有了价值。

透过历史的长河，我们会发现，构建心理模型的道路是无止境的。我们有理由认为，在若干年后，《精神分析心理模型》中所肯定的某些观点也会因为临床和科学的证据被推翻，正如当今被广泛批评的精神分析的部分早期理论一样。选用模型时始终保持谨慎，在心理健康工作中对假设保持开放，直面各种验证或否定的证据，必要时调整模型以适合来访者……我觉得，这是整本书背后折射出来的作者的态度，也是奥金克洛斯想要告诉读者的话。

翻译《精神分析心理模型》的一年，正好是我进入北京大学攻读临床心理学方向硕士学位的第一年。彼时，这本书成了课余时间陪伴我最多的"过渡客体"。期间的劳作虽然辛苦，但是，推敲或重组译文的词句语序以试图重现精神分析英文语境下的"文字游戏",自己的某些想法在原文中得到印证,种种这些,都令我心悦不已。有时,我会在书中发现自己涉猎不深的知识领域。于是,同辈之间的交流讨论也自然成了我那段时间的精神食粮。尤其值得感谢的是我的好友王绍鹏,他是复旦大学哲学系的硕士研究生。他不厌其烦地帮我审核、校对了第 3 章中的许多内容,也与我讨论了由内容衍生出来的众多话题。得益于其专业背景,本书中文版才得以避免了一些哲学知识上的疏忽和纰漏。

本书原文用语较为平实,阅读原书时,我有一种在课堂上听教师授课的感觉。再加上我和编辑在翻译、校对过程中的努力,我相信,本书中文版定会让读者读得轻松而顺畅。当然,由于译者能力和水平有限,译文中难免存在疏漏之处,还请读者批评指正。

钱秭澍

2019 年 4 月 10 日

# 前言

　　《精神分析心理模型》所面向的读者是那些希望或需要通过某种方法深入思考，以便理解心理状况的人。本书呈现的心理模型以过去 120 年中的精神分析思想为基础。本书的目的在于解释精神分析心理模型如何运作，如何帮助治疗那些承受着心理痛苦的人。精神分析心理模型致力于描述心理体验，如感受、思维、愿望、恐惧、记忆、态度和价值观等。它致力于理解这些心理体验如何相互作用、相互影响；它们如何从早年经历中产生，又如何在发展过程中发生变化。精神分析心理模型会从以下一些方面来看待心理生活，如自我觉察的层次、动机、结构和发展等。它也试图理解心理体验如何影响正常和异常的行为。

　　迄今为止，在以实际应用为目的的心理运作模型中，精神分析对心理如何运作的解释是最复杂的。它借用以下方面来看待心理，如地形学、动机、结构和发展等。它既考察个体的症状和人格倾向，也将人作为整体去考察，同时还会考虑其生活状况。精神分析心理模型不仅为动力学心理治疗提供了理论框架，也是几乎所有针对情绪困扰的心理治疗（或"谈话疗法"）的基础。另外，不单单是心理治疗中的患者，当我们对不同的患者进行评估和治疗时，心理测评都是评估、治疗过程的重要组成部分。即使患者的精神障碍有明显的生物学基础，心理因素也会影响疾病的发病、病情的改善或恶化。研究者发现，仅聚焦于症状而忽视情绪和人际模式的治疗，并不能有效地维持改变。实际上，几乎每个治疗的成果都有赖于把患者理解为一种心理存在。心理因素也会影响每位患者参与治疗的方式。研究者发现，在所有疗法中，治疗联盟的质量能最有力地预测所有精神疾病的治疗效果。强有力的治疗联盟有赖于把患者准确理解为一种人性的存在，也有赖于理解移情和反移情反应，因为移情和反移情反应会干扰或增强医患联结。

虽然精神分析在心理健康领域具有广泛的影响，但是，许多想了解精神分析的学生和从业者会发现，没有任何一本书讲解了精神分析的心理模型。每个人都能认出西格蒙德·弗洛伊德（Sigmund Freud）的面孔，也都了解躺椅这一标志性物品，却很少有人知道这些标志背后的智慧结晶和有效实践。每个学生都知道，精神分析曾被敬仰和攻讦，被称赞和嘲讽，却很少有学生知道，这些争论是关于什么的，为什么精神分析心理模型如此重要。《精神分析心理模型》致力于展示该模型一直以来是怎样帮助治疗所有患者的。

尽管在心理健康领域，生理-心理-社会模型是正式模型，但是在工作中，这一模型却不常见。很多年来，从业者一直在按照某些类似的维度，极端地做着选择。这已经给心理健康领域带来了负面的影响。例如，心理健康从业者被要求在心理观点和生理观点之间进行选择；在上述两种观点中的任一种和跨文化观点之间进行选择；在人文观点和科学观点之间进行选择；在临床证据和实证证据之间进行选择；在心理的认知观点和精神分析观点之间进行选择。

与此同时，精神分析自身也存在一些问题。当我们的学生努力去了解精神分析如何有助于理解患者的痛苦时，有许多问题会阻碍他们的步伐，主要包括以下几个方面：许多精神分析思想与邻近学科的观念相疏离；精神分析界使用了太多让人难以理解的术语，以至于学生常常感到被私密的、看似费解的语言排斥在外；一些精神分析师蔑视实证研究的重要性；许多精神分析师过度崇拜奠基者弗洛伊德；精神分析师们仍在争论哪个模型是最佳的心理模型。以上列举这些还只是其中的一部分而已。

《精神分析心理模型》试图从一种新的角度超越上述种种问题。本书致力于呈现以下内容：

- 精神分析心理模型与以脑科学为基础的观点是一致的，也永远不该与这种观点分开使用；
- 精神分析心理模型与文化精神治疗是一致的；
- 精神分析心理模型与其他有名的心理模型是一致的，包括认知模型；
- 我们可以用一定的方式呈现精神分析心理模型，从而允许实践者从彼此竞争的模型中汲取精华；
- 精神分析心理模型的基本原理是被实证证据支持的。

《精神分析心理模型》中的每一章都会谈到这些观点，接纳复杂性，避免过于极端、造成破坏。另外，在提及弗洛伊德时，我会心怀敬意而不是盲目崇拜。换句话说，当我写"弗洛伊德说……"时，我不会认为他说的是金科玉律，而是认为他说话时保持着一种探寻的心态——试图综合所有证据，建立起最佳的心理模型。最后，我会尽可能用简单的语言解释复杂的思想和概念，避免使用行话。不过，我还是会使用一些重要的术语，这样，读者就可以了解它们的意思，从语言上实现精神分析入门。本书末尾的附录3提供了术语表（见第六部分）。

本书被分为六个部分。第一部分为"基础内容"，包括四章。在第1章（"概述：为心理生活建立模型"）中，我会探索最基本的问题。例如，"什么是心理""什么是精神分析""什么是模型"。这一章也谈论了"在一个脑科学的时代，我们为什么需要心理模型"。在第2章（"精神分析心理模型的起源"）中，我会讲述第一个精神分析心理模型是如何形成的。我会简略地从科学心理学的历史过渡到弗洛伊德自己的工作。在第3章（"动力性无意识的演变"）中，我将探索动力性无意识这一概念。它是精神分析心理模型的基础。我还将在本章中回顾无意识这一概念在西方哲学和心理学中的历史，比较动力性无意识和一个相关却不同的概念，即认知性无意识这一发展自邻近的认知神经科学领域的概念。在第4章（"精神分析心理模型的核心维度"）中，我定义了全部精神分析心理模型的五个核心维度：地形学、动机、结构／过程、发展以及心理病理学／治疗理论（治疗作用）。在讨论时，我会串联上述各个维度和来自其他邻近学科的相似概念。在这一章中，我也会快速浏览四个基本的精神分析心理模型：地形学模型、结构模型、客体关系理论以及自体心理学。我会以历史发展的顺序呈现这些模型。这样，读者便能看到，为了响应临床理解的进步和源自其他学科的新证据，精神分析心理模型是怎样演变的。读者还会看到，对于心理运作和心理病理学／治疗的核心维度，每个精神分析心理模型都有许多不同的看法。随着本书内容的推进，我会把这四个模型联系起来进行讲解。最终，我会把它们整合成一个有用的、当代的心理模型。在阅读过程中，读者会看到每个相继的模型是如何理解心理生活和精神障碍的各个核心维度的。当读者读到第五部分（即本书的最后一章）时，理解各种模型的任务会变得容易得多。

　　我会在第二部分到第四部分深入探索四个主要的精神分析心理模型。第二部分为"地形学模型"，包括三章。在第 5 章（"心理地形图"）的一开始，我会概述地形学模型。地形学模型提出，意识、前意识和无意识领域是被压抑屏障分隔的。尽管这一模型包含了动机、结构、发展和心理病理学／治疗的不成熟思想，但其主要关注点仍是心理地形图。第 5 章强调了弗洛伊德的地形学模型的巨大解释性价值，包括神经症这一重要概念。确实，所有心理动力学治疗都包含了这样的目标——把无意识的愿望、恐惧和幻想带入觉知范围内。在第 6 章（"梦的世界"）中，我会解释当代精神分析的梦的模型是如何运作的，以及在心理治疗中如何利用梦。同时，我在本章中还会探索来自认知神经科学的理论和实证证据，把这些理论和发现与梦的精神分析观点整合起来。在第 7 章（"俄狄浦斯情结"）中，我将详细讲解无意识幻想的首个重要例子——俄狄浦斯情结，它在儿童期发展并持续存在于成人的心理生活中。尽管当代心理动力学的临床工作者不再相信俄狄浦斯情结是所有心理疾病的成因，但我依然会在本章探索俄狄浦斯情结为何依然重要，以及它为什么被认为是普遍存在的。

　　第三部分为"结构模型"，包括三章。在第 8 章（"新装置、新概念：自我")中,我会概述结构模型,介绍结构模型著名的成分:自我、本我和超我。通过考察弗洛伊德怎样修改了自己的心理模型,读者会明白精神分析心理模型是"人造的",对修改是开放的,而这也正是弗洛伊德本人授权的。我也会在本章中十分细致地描述自我这一概念,考察诸如自我调节/动态平衡和适应等内容。在第9章("本我和超我")中,我会考虑本我这一概念以及驱力、力比多、心理性欲和攻击(在本书第六部分的附录1"力比多理论"中,我阐述了力比多驱力如何通过防御而变形进入成人的性行为、人格特质和神经症中)。虽然每个人都知道弗洛伊德的名言——"我们所做的一切都是因为性",但人们很少了解他的真正看法。我在本章中也会考察超我这一概念,考察超我结构在对道德规则的体验中所发挥的重要作用。在第10章("冲突与折中")中,我将解释在折中形成中自我、本我和超我是如何共同运作的。自我、本我和超我各自的目标会相互竞争、产生冲突。对这种冲突的调解塑造了折中。我在本章中也会详细探索防御这一概念(在附录2"防御"中,按照各种防御损害自我功能的程度,我对常见的防御机制进行了分类)。最后,在本章中,我会更新心理病理学和治疗的心理动力学观点。

第四部分为"客体关系理论和自体心理学",包含两章。在第11章("客体关系理论")中,我将解释客体关系理论是什么,以及它是如何发展的。这一理论如何及为何形成这样的故事,将再次提醒读者,没有哪个理论是一成不变的。读者也会学习到,客体关系理论怎样让我们更全面地理解临床问题。它使我们能够理解临床中的一些难题,如边缘性心理病变和亲密关系问题等。在第12章("自体心理学")中,我们将追溯海因兹·科胡特在与有自恋困扰的患者一起工作时如何发展出了自体心理学。某些个体在孩童期体验到了以父母共情失败为形式的创伤。自体心理学模型就是以这种观察为基础的。我在本章中也会解释,如何整合运用自体心理学与其他精神分析心理模型。

第五部分("整合与应用")仅由一章组成,即第13章"朝向整合的精神分析心理模型"。在本章中，我会探索四个基本的精神分析心理模型可以怎样整合成一个模型，同时又能被分别使用。这时，读者会看到一个完整的表格。随着我们逐渐引入每种心理模型，这个表格一直在稳步地发展成熟。它展现了四种模型对于心理运作和心理病理学／治疗的核心维度各自做出了怎样的贡献。在第13章中，我也会探索，面对整合，目前还存在什么样的争议。最后，我将展示如何将精神分析心理模型纳入一种复杂的精神病学中。这种精神病学整合了心理、脑和文化。

　　《精神分析心理模型》适合所有水平的受训者阅读，包括心理学、社会工作等相关专业的学生。我写作本书的目的在于为在读的学生和已经毕业的人士提供一种学习资源。他们可以是哲学、神经科学、心理学、文学系的学生和已毕业人士，也可以是除心理健康专业之外的任何学生及已毕业人士，只要他们希望了解精神分析对心理的看法。当读者合上本书的时候，他们会明白，精神分析对心理的思考可以如何帮助我们理解患者。同时，他们也将能够深入理解所有心理（不仅是患者的心理，也是每个人的心理，包括读者自己）。（运用精神分析）与患者一同工作应当是深刻的、收获颇丰的，它提供了成长的机会——这不仅仅是患者的成长，也是心理健康从业者的成长。那些掌握了最佳心理模型的人，会很容易发现并利用这些成长的机会。

# 目录

第一部分

# 01

基础内容

## CHAPTER

第 1 章

# 概述：为心理生活建立模型

本章将回答以下问题："什么是心理""什么是精神分析""什么是模型"，也会探索"在脑科学的时代，我们为什么需要心理模型"。本章介绍的新词汇包括：*心理的计算机模型、具身、涌现型特征、心理、镜像神经元、精神分析、心理动力学及心理理论*。

本书内容的前提假设是，我们每个人都在行动、体验、计划、选择和生活。我们行动、体验、计划、选择和生活的方式反映了某个被称为心理的东西的运作。本书假设，拥有心理的这种体验是人类存在的一个独有方面。心理事件在很大程度上决定了我们是谁，也决定了我们如何在日常生活和临床情境中行动。本书也假设，除精神病学和心理学以外的任何学科术语都无法恰当地描绘心理事件。心理事件必须用专门的术语来描述。

《韦氏词典》把心理定义为"多种要素的综合体，存在于个体内部，能够感受、知觉、思考、追求目标，特别是推理"。心理这个词的意思还包括"机体有意识和无意识的心理活动，这些心理活动是有组织的、具有适应性的"。我们可以从很多不同的角度来探索心理这一概念。几个世纪以来，研究心理的哲学家们，如柏拉图、笛卡儿、莱布尼茨、康德、海德格尔、瑟尔和丹尼特（这些只是其中的一部分）等，都在争论类似下面的问题："心理是否存在""心理可以简化为脑吗""心理的特性是什么""动物或机器有心理吗""心理是否具有起因性质，还是只是大脑发展进程的副产品""心理和身体之间的关系是什么"。思想史学家们探讨"在关于人类行为的论著中，心理这一概念是怎样出现的"这样的问题，然而他们众说纷纭。神学家们则着重研究了心理与上帝之间的关系。当然，各类心理学家也提出了众多的理论，用来解释人类有什么样的心理，以及在心理方面我们要讨论些什么。

因此，心理研究可以通往许多方向。心理健康从业者对这些方向或多或少都感兴趣。其中，多数人都曾阅读过大量的相关书籍，足以了解到心理的哲学和历史是十分复杂的。然而，我们也知道，我们需要用心理这个概念来理解患者。多数临床工作者认为，心理是脑的涌现型特征。这意味着，虽然脑是心理的基础，我们却不能用适合描述脑的术语或概念来描述心理。确实，多数临床工作者在实践中是哲学家所说的属性二元论者。这意味着，虽然我们明白心理生成于脑，但是，我们也知道，为了临床目的，我们必须把心理和脑分开。换句话说，我们用不同的方式对待患者的心理和脑，就好像它们有着不同的特征，各自需要独特的思考方式和独立的干预方法。作为一种传统，这种理解患者的方式已经被稳定地传承了下来。许多经典作品都极为清晰地描述了这个问题，例如，乔治·英格尔（George Engel）描述的生理-心理-社会模型，以及保尔·迈克休（Paul McHugh）与菲利普·斯来夫尼（Phillip Slavney）所著的《精神病学的各种观点》（*The Perspectives of Psychiatry*）。他们都认为，心理健康从业者需要用多种方法来理解病人，其中一种方法就是聚焦于心理学，或者心理研究。

## 什么是精神分析

精神分析是心理学的一个分支，它最为深入、彻底地研究了心理如何引导人类的行为。神经科学从脑活动的角度来研究行为和心理体验。社会学习理论和某些社会心理学则试图寻找影响体验和行为的环境和文化因素。精神分析心理模型与这两者不同，它试图组织我们的知识，理解心理现象（如感受、思维、记忆、愿望和幻想等）是如何影响我们的体验和行为的。精神分析有许多传统的定义，如"一种心理的理论""一种关于心理病症的某些方面的理论""一种疗法"，以及"一种研究心理的方法"。心理动力这个术语的字面意思是"心理力量（或动机）"。在本书中，我们会交替使用心理动力学和精神分析这两个词。因为，心理动力学理论与精神分析理论之间是鲜有不同的。

## 什么是模型

在组织、解释心理时，精神分析理论最常用的策略是我们所说的精神分析心理模型。自然科学和社会科学中使用的所有模型都是假设性质的构想，人们用其来表示无法被整体直接观察到的复杂系统。精神分析心理模型也不例外，它所描述的复杂系统便是人类的心理。模型的目的在于以某种方式表示某个系统，使人们可以更容易地谈论、研究它。有些科学模型的基础是数学语言或逻辑原理，这些模型是十分抽象的。另一些模型则采取了更加朴实的形式——人们用类比的方式来构建这些模型（把研究对象类比为人们已经熟知的物理客体）。我们评价科学模型的标准是，它们能够在多大程度上解释现有证据、预测新发现，并且与其他知识协调一致。我们熟知的科学模型的例子包括太阳系的哥白尼模型、原子的卢瑟福-波尔模型及粒子物理的"标准模型"（描述基本粒子之间的互动如何构成了所有物质）等。这些模型都试图把现有证据组织起来，表征自然世界的某些方面。

心理的精神分析模型致力于把临床数据组织起来（包括患者的人生故事、患者报告的内心体验以及患者在临床情境中的互动），把人类的心理表征为连贯一致的心理系统。该模型描述了各种心理现象（如感受、思维、愿望、恐惧、幻想、记忆、态度和价值观等）如何在系统中彼此互动、相互影响。它也描述了推动患者的动机、患者心理的组织结构，以及患者心理运作的功能和过程。该模型还描述了心理是如何发展的。精神分析心理模型既可以在整体上表示全人类的心理，也可以表示任意个体的心理，彰显个体独有的特征。我们可以用该模型来描述心理生活如何在病症和正常行为中表达，也可以用它来描述治疗如何对心理产生作用。精神分析心理模型并不是第一个心理模型。几千年来，人类一直在用各种类比来表征心理。人们使用过的形象有剧院、冰山、水力系统等。最近，我们也把心理类比成电脑。

西格蒙德·弗洛伊德努力想理解自己与患者的体验。在此过程中，他提出了最早的精神分析心理模型。在《梦的解析》（*The Interpretation of Dreams*）一书中，弗洛伊德介绍了自己首次完整发展出来的心理模型，或者是他所说的心理装置（psychic apparatus）。该模型的基本思路是，把心理类比为当时的科学和技术，包括神经生物学大杂烩、反射弧和光学仪器。弗洛伊德也大量借用了其他领域的内容，如文学和考古学等。

当代精神分析心理模型依然保留了弗洛伊德的首个模型（通常指的是心理地形学模型）的某些方面。但是，该模型中的其他方面已经被摒弃了。实际上，弗洛伊德的精神遗产中有一个重要的部分，那就是提醒我们，成功的模型应该始终保持灵活性和开放性，世上没有完备的科学模型。例如，我们小时候都学过，与曾经流行的其他模型相比，克里斯托弗·哥伦布的地球模型是一种巨大的、精妙的改进。曾经流行的其他模型认为地球是个平的、放在乌龟背上的盘子。哥伦布大胆地计划向西行驶寻找"东方"，他的模型为此提供了理论支持。但是，哥伦布没能正确估计地球的大小，这使他混淆了旅行的终点。基于哥伦布（和其他人）的发现，后来的地图绘制者改进了地球的模型，包括地球上的海洋和大陆。实际上，地图绘制者仍然在努力描画不可见的海底最深处。自弗洛伊德初次刻画内心世界的运作以来，如同世界地图的绘制在不断地进步一样，精神分析心理模型也在继续发展。虽然当代精神分析心理模型极大地借用了弗洛伊德的首个模型，但是，在《梦的解析》出版后的一百多年中，当代精神分析模型发生了重大的改变。这些年来，临床探索和其他领域带来了新的数据，为了响应这些数据，当代精神分析模型也变得越来越复杂。

如今，没有任何一个精神分析模型能够单独解释来自临床环境内外的所有数据。我们最好把当代精神分析心理模型看成多元的、由不止一种心理模型构成的。这些心理模型是部分交叠却各不相同的——每种模型看待人类心理功能运作的视角都有所区别，每种模型都强调不同的现象。大致来说，每种当代精神分析模型都对应着一种精神分析"思想流派"。读者应该已经听说过一些主要的思想流派，如自我心理学、客体关系理论、依恋理论、自体心理学和人际理论等。这些心理模型（或者说思想流派）用不同的方式表征心理，理解患者的困扰，解释心理治疗的疗愈作用。

本书的目的之一是把主要的精神分析心理模型综合起来，形成一个整合的、有用的当代精神分析心理模型。在整合这些模型的过程中，我会回顾弗洛伊德和许多其他人如何努力理解心理生活的本质，这些努力又经历了怎样的变革。我会描述，在建立模型的任务中，临床发现和理论构思的过程是如何相互作用的。我会列出所有精神分析心理模型共有的元素，以及彼此竞争的模型之间的重要区别。在整本书中，我会强调，建立精神分析模型是一种持续的过程。临床工作者仍然面临着当初弗洛伊德所要面对的问题：我们如何理解患者，如何帮助他们改变？我们的心理模型能够帮助我们回答这些问题。从这一点来说，我们的模型是重要的、有用的。

## 我们为什么需要心理模型

20 世纪 70 年代末，认知神经科学提出了一个迷人的概念——心理理论。这使得建立心理运作模型的过程变得更加有趣了。按照这一观点，人类天生就有能力发展理论，以此解释心理是如何运作的（既包括我们自己的心理，也包括他人的心理）。如果这种观点是正确的，那么心理健康专业人士是否需要心理模型这一问题就没有实际意义了，因为作为人类，不管我们喜不喜欢，我们都已经有了心理模型。

认知科学家大卫·普雷马克（David Premack）和盖·沃道夫（Guy Woodruff）在其撰写的、具有突破性的《黑猩猩有心理理论吗》（*Does the chimpanzee* have a theory of mind）这篇论文中首次使用了心理理论（这是认知心理学家多年来一直讨论的议题）这一词组，把该心理现象描述为一种人类共有的具体能力。这种能力使我们能够做到以下三点：（1）理解到他人有信念、渴望和目的；（2）认识到他人的信念、渴望和目的可能与我们自己的不同；（3）形成可操作的假设、理论或心理模型，来推测他人的信念、渴望和目的可能是什么。心理理论（常被称为ToM），是一种遗传下来的固有天赋。它使我们能够准备好应对我们生活的世界，我们在其中与他人的复杂互动构成我们日常生活的一部分。进化生物学家也许会说，ToM是我们在进化生态位中生存的必需品。在精神分析心理模型中，心理理论被称为心智化（见第12章"自体心理学"和附录3"术语表"）。

研究者们提出，心理理论起始于婴儿的先天潜能，然后在促进性基质（正常成熟、社会互动和其他经验）中进一步发展。如果环境正常，ToM会在大约四岁的儿童身上表现出来。在成人身上，ToM的存在形式是一种连续体——从精细复杂、相对准确的一端过渡到原始、鲜有功能、几乎不存在的另一端。能否准确表征他人的感受和意图预测了我们每个人在各类人际任务中能否表现良好。在连续体的一端是自闭症的个体，他们在ToM模块上有特定的缺陷，在社交世界中功能运作十分困难。位于连续体另一端的个体有着高度发展的ToM能力，他们可以应对一系列社交和人际互动，包括抚养子女、发展友谊、维持恋爱关系，以及进行商业、教育和政治活动，当然，还有在心理健康领域工作。很明显，人们在各领域中功能运作的良好程度是不同的。

认知心理学家们已经设计出了一系列精巧的实验，以测试成人、儿童或灵长类动物是否拥有可运作的心理理论。我们很难辨别出前语言期儿童和动物能否想象其他动物的心理，科学家们也依然在争论这个问题。支持各方观点的实验是很有趣的阅读材料。通过使用功能性神经成像技术［如功能性磁共振成像（fMRI）］，科学家们已经阐明了一些特定的脑区，这些脑区在负责ToM的脑系统中可能起到了一定的作用。神经科学家们已经证明了镜像神经元的存在，它们广泛地分布在灵长类动物的大脑中。当我们做出某种行为以及看到别人做出同样的行为时，镜像神经元就会被激活。人们想象他人的思维、感受和意图的能力必然有其神经基础。科学家们相信，这些镜像神经元可能是该神经基础的一个至关重要的部分。当我们理解他人行为背后的意图时，镜像神经元也许可以在我们自己的心中创造出这些行为的模板。实际上，有些科学家声称，镜像神经元根本不是借助概念推理让我们理解他人的心理的，而是通过直接模拟他人的体验来完成这一过程的。①

心理理论假说认为，大多数人生下来就有获悉、理解他人心理的潜能。换句话说，我们构建、改进精神分析心理模型时所做的努力实际上与人们每天的心理活动并无不同。我们都有理解心理的潜能，也都会运用这些潜能来向自己解释自己的行为、理解他人的行为。换句话说，只要不出意外，我们就都是心理学家。

## 在脑科学的时代构建心理模型

如今，对脑的研究方兴未艾，我们该如何看待心理呢？在神经科学时代，心理模型有什么作用？虽然人们常常以为，神经科学和心理药理学的进步意味着思索心理这一议题和"谈话疗法"这门技术已经过时了，但是，临床工作者都知道，事实恰恰相反。心理科学的世界从未如此富有生机。如果我们更深入地思考这个问题就会发现，弗洛伊德不是在心理学领域，甚至也不是在精神病学领域，而几乎完全是在神经科学领域接受的正式教育。在治疗精神疾病患者前，弗洛伊德一直是一位成功的神经病理学家。即使在专心研究心理生活之后，弗洛伊德的目标还是在理解脑这一基础上创立一种心理科学。他最早的手稿之一——《科学心理学计划》(*The Project for a Scientific*

---

① 参见美国国家精神健康研究院的领域标准研究，"社会过程"领域，"知觉、理解他人"构想，"理解心理状态"亚构想。

*Psychology*）是从 1895 年开始写作的（但是在其一生中都未能出版）。据《科学心理学计划》记载，弗洛伊德努力想创造一种模型，用以表示心理的脑系统可能是什么样的。后来他之所以放弃了这一计划，只是因为他认识到当时的神经科学还不够发达，不足以支持自己的计划。于是，他便转而投入到高度猜测性的神经功能的"理论建设"中了。

如今，我们对脑的知识比弗洛伊德时代先进得多。虽然在以脑为基础建立心理学的道路上，心理科学依然任重道远，但现在，我们至少已经可以跨越心理与脑之间的屏障而进行有意义的交流了。实际上，我们发现，我们正处于心理学与神经科学和解的早期阶段。心理学被赋予了新的重要性，即被视为一门基础科学。我们也必然会更加深入地理解心理治疗。长期以来，人们都认为，我们的心理模型中的一些重要方面是无法被系统研究的，但是现在，它们也引发了新的研究兴趣。下面，让我来举一些例子。

## 无意识

在 19 世纪和 20 世纪的转折点上，弗洛伊德首次提出了革命性的"新心理学"。"新心理学"的基本假设是，心理运作的绝大部分都发生在意识觉察之外。然而，在 20 世纪和 21 世纪的转折点上，研究心理时考虑无意识已经不再是件新鲜事了。在探索心理科学世界的过程中，"无意识心理进程是心理的基本特征"这一观点已经变得理所当然。如今，我们面临的新挑战是解答意识的成因，解释意识所服务的目的。

## 心理和身体

精神分析心理模型强调具身，该特征同样引起了其他心理科学的新兴趣。具身这一概念包含的思想是，心理本质上是由它与身体的联系塑造的，或者说心理诞生于"硬件"——身体。身体是心理的基本决定因素。例如，南加利福尼亚大学神经科学家安东尼奥·达马西奥（Antonio Damasio）的研究显示，人类的理性是不能脱离感受的，这也是精神分析一直以来的观点。换句话说，我们不能独立于情感来研究认知。情感是一种复杂的情绪 / 生理状态，由身体产生，存在于身体内部，是身体系统的一部分，以生存为目的，评估着自身与环境之间的关系。与此同时，来自加州大学伯克利分校和俄勒冈州大学的哲学家乔治·拉科夫（George Lakoff）和马克·约翰逊（Mark Johnson）则从有些不同的视角提出，源于身体经验的隐喻深刻地塑造了整个理性心理。正如我们将会看到的，精神分析心理模型引入身体经验影响心理生活的组织这一观念，一直强调，作为心理生活的组织者，情感和由身体决定的隐喻两者都具有核心的地位。这些观点与达马西奥、拉科夫以及约翰逊的看法十分类似。具身心理的概念极大地挑战了心理的计算机模型。该模型坚称，非具身的现代计算机可以提供最好的心理模型。在过去的 60 年间，心理的计算机模型曾一直广泛地影响着心理科学。

## 自体① 和他人

　　近几年，认知科学家和神经科学家证明，在婴儿容忍痛苦的能力背后存在着由最早期的母婴互动所塑造的认知（和神经）结构。我们正处在一种新生物学的初期阶段。这种新生物学认为，从婴儿期开始，人际关系就在调节着心理和脑。虽然弗洛伊德不是心理治疗的发明者，但是，是他开启了现代对人际关系的探索，表明其可以影响心理活动、行为修正，最终改变大脑。精神分析心理模型考虑了在个体发展过程中关系如何被内化，从而制造了持久的自体和客体心理表征。这些表征塑造着个体的体验，在日常事件以及所有的治疗中都会被重新激活。心理动力学治疗始终关注如何在新的关系背景

---

① 在精神分析文献中，"self" 和 "ego" 有着不同的定义，但中文没有区分这两者的习惯。这就造成了作为心理整体的自体（self）和作为心理结构的自我（ego）在中文里的混淆。本书中，我们会沿用自体心理学对 "self" 的翻译方式，把 "self" 翻译为自体。例如，下文中 "the narrative self" 常被译为 "叙述性自我"，我们会译为 "叙述性自体"。只有在无须严格区分时才会使用 "自我" 这种译法来翻译 "self"。——译者注

下调动这些表征，从而带来改变。

## 叙述性自体

　　最后，精神分析心理模型与认知神经科学还有一个交汇点——它们都对心理的一个特殊特征感兴趣——心理天生能够叙述性地表达。达马西奥再次率先提出，意识提供了关于我们自体状态的故事。而这些故事则能够满足我们自我调控和适应环境的需要。换句话说，当代脑科学家正开始对下面的事实产生兴趣：在我们的私人心理中，我们每个人都在持续地构建、改写人生故事。我们一直努力把自己安置在这个世界中，试图维持一种核心的自体感。构建、改写人生故事就是这种努力的一部分。认知心理学家们也对心理的叙述性结构十分感兴趣。他们在文章中越来越多地使用剧本这个词。在弗洛伊德的第一本书《癔症研究》中，他甚至有些抱歉地评论道："很奇怪，我写的个案史读起来都像短故事。"正如我们将会看到的，心理的叙述性结构是精神分析心理模型的一个基本方面。

## 实践中的精神分析心理模型

　　对当代心理科学进展的浏览显示，精神分析心理模型非常适合帮助我们观察、揭示心理生活的基本方面。在临床中，精神分析心理模型为临床工作者提供了一种方法，使其理解自己与患者之间的互动，能够组织起临床细节（患者的交流、行为、叙述模式和历史），构建出患者"内心运作"的图像并利用该图像来理解现状、预测反应、规划干预。如果没有这种模型，临床工作者便会很快迷失在经验数据的海洋中。相反，如果临床工作者配备了复杂的心理模型，便可以弄清自己在医患互动中所处的位置，能够组织临床材料，规划改变的路径。

第 2 章
# 精神分析心理模型的起源

本章将讲述首个精神分析心理模型是怎样形成的。最开始，我会概览科学心理学的历史——从麦斯麦、沙可和伯恩海姆开始，终于安娜·O的案例（安娜·O接受了弗洛伊德的导师布洛伊尔的治疗）。然后，我们会转向弗洛伊德本人的作品，考察他是如何在抛弃催眠的过程中形成了动力性无意识（构成精神分析心理模型的基石）这个概念的。本章介绍的新词汇包括：宣泄疗法、防御、经验主义、自由联想、基本规则、催眠、癔症、唯物主义、麦斯麦术、物理决定论、实证主义、心理决定论、心理学、心理治疗、压抑、阻抗、暗示及谈话疗法。

　　虽然自意识启蒙起，心理体验就是一个吸引人的主题，但是，心理科学研究的历史不过才150年。当弗洛伊德提出首个精神分析模型时，心理学家这一术语甚至还不能算存在。英文中的心理学 "*psychology*" 一词合并了希腊语单词 "*psyche*"（心灵/灵魂）和 "*-ology*"（对……的研究）。大约在1520年，一位塞尔维亚-克罗地亚诗人把心理学这个词引入了知识论著中（这位诗人也是塞尔维亚-克罗地亚文学的奠基人），但是，当时这个词并没有流行起来。虽然至少从古希腊时期开始，诗人和哲学家们就一直深刻地思索着人类心理的本质，但是直到19世纪，科学心理学的两个主要分支——实验心理学（由德国的冯特在19世纪70年代末建立）和精神分析（由奥地利的弗洛伊德在19世纪90年代末建立）——诞生后，对心理的思考才被组织成了一门理论独特的科学学科，或者说基于高校的科学学科。

## 科学心理学的诞生：心理决定论的兴起

思想史上的两股主要思潮彼此汇聚，成就了现代科学心理学。这两股思潮是启蒙运动（诞生于17世纪欧洲的一种哲学运动）和浪漫主义运动（始于18世纪晚期欧洲的文艺浪潮）。启蒙运动的特点是，相信人类理性的力量可以战胜无知和迷信。启蒙运动哲学家们坚持物理决定论，认为自然界中的一切事件都是遵循规律的。这种态度带来了物理学、化学和基础医药学领域中的知识爆炸。启蒙运动理想化了人类的理性能力。与此相反，浪漫主义运动则理想化了人类的想象能力和感受能力。对于浪漫主义者来说，非理性是无须克服的。我们应当探索非理性，把非理性视为创造力的必要源泉。这种理想化使人们开始关注主观现象，内省也因此成了理解人类自身的重要途径。

由于启蒙运动和浪漫主义运动的共同影响，对自然科学的热情开始扩展到人类行为的研究中。因此，在19世纪开端的欧洲，我们看到了如今所称的社会科学的发展，包括人类学、社会学、经济学、政治学和心理学。心理学中的大部分内容都基于心理决定论（类似于物理决定论）。心理决定论认为，心理生活是由规律确定的，就像物理、生物、生理和自然界的所有其他系统一样。换句话说，即（当前的）心理事件由先前的心理事件决定，并且按照自然规律产生变化。坚持心理决定论无须抛弃"脑活动产生了心理事件"这一观点，它只是坚称心理事件亦有自己所遵循的规律，并不是脑进程的无意义副现象，从而把心理活动领域确立为自然科学适合研究的对象。在19世纪早期，使用心理学这个词的有以下各类学者：哲学家——他们极大地帮助心理学成为一门学术科目（见第3章"动力性无意识的演变"）；教育家和发展心理学家——他们试图找到最佳的方法来训练儿童的心理；性学家——他们研究了人类的性行为［如理查德·弗莱赫尔·冯·克拉夫特-艾宾（Richard Freiherr von Krafft-Ebing）和哈弗洛克·埃利斯（Havelock Ellis）］；先驱心理测量学家——他们找到了测量个体差异（如智力）的方法［如阿尔弗雷德·比内（Alfred Binet）和弗朗西斯·高尔顿（Francis Galton）］；神经解剖学家——他们发现了负责某些行为（如语言和运动）的脑区［如保尔·皮埃尔·布洛卡（Paul Pierre Broca, 1824—1880）、卡尔·威尔尼克（Carl Wernicke, 1848—1905）和约翰·修林斯·杰克逊（John Hughlings Jackson, 1835—1911）］；以及心理病理学家和心理治疗师——他们试图理解、治疗精神疾病［让-马丁·沙可（Jean-Martin Charcot）、希波利特·伯恩海姆（Hippolyte Bernheim）和约瑟夫·布洛伊尔（Josef Breuer）］。当时，除了学术界的努力外，还有许多不太明智的、对其他领域的初步探索，如颅相学、通灵学，甚至对植物的心理生活也开展过研究。

## 弗兰茨·安东·麦斯麦：初步尝试把科学原理应用于医学实践

医学历史学家亨利·艾伦伯格（Henri Ellenberger）认为，我们可以把科学心理治疗的起源追溯到 18 世纪末。当时，治疗技术从宗教领域转向了科学领域。在研究、治疗心理痛苦上，医生和科学人士（而不是牧师和驱魔者）开始占据主流地位。艾伦伯格特别关注了弗兰茨·安东·麦斯麦（Franz Anton Mesmer, 1734—1815）——一位维也纳医生，其工作比弗洛伊德早一百多年。麦斯麦深深沉迷于启蒙哲学的诸多方面，尤其是把科学应用于医学实践。他相信自己发现了一种类似于重力或电力的生理液体。麦斯麦认为，这种液体在人们身上是普遍存在的，它的失衡与否可以解释健康和疾病。麦斯麦的治疗理论提出，治疗师或"磁疗师"应当引发患者的类昏睡状态，以融洽的关系为渠道，把自己更强、更好的液体传递到患者身上。虽然麦斯麦起初在欧洲广受欢迎，但是，法国科学学会最终令他声名狼藉（他们安排了一个小组来调查麦斯麦，组员中就包括来自美国的本杰明·富兰克林）。如今，虽然我们可能会觉得麦斯麦的磁液理论是愚蠢的，但麦斯麦的名字仍然留存在英语中，不过已经不属于现代医学实践的词汇了。在英语中，我们用麦斯麦术（mesmerize）这个词来纪念麦斯麦，意思是"迷魂或吸引"。然而，麦斯麦的工作体现出了一位科学工作者的努力——试图让心理研究摆脱宗教和宗教实践的控制。

到19世纪中叶，由于实验科学技术的不断进步，麦斯麦术已经在欧洲医学界消失了。然而，19世纪下半叶时，关于之前麦斯麦及其追随者所关注的疾病和治疗又产生了新的医疗浪潮。推动这一浪潮的三大原因是：癔症的大范围流行，对催眠的着迷以及神经科学领域的发展。

## 从磁场疾病到癔症

癔症患者通常是少年至中年的女性，她们受苦于各种奇怪的感知运动症状以及思维、情绪和意识障碍。这些症状和障碍往往看上去像是神经问题，却又不符合任何已知的神经疾病模式。在19世纪的欧洲和美国，癔症这种疾病是比较常见的。当时，癔症的受害者包括了很多名人（如爱丽丝·詹姆斯——威廉·詹姆斯和亨利·詹姆斯的妹妹）。然而，癔症不是一种新出现的疾病。希腊医生希波克拉底（Hippocrates，公元前460—370）创造了癔症（hysteria）这个术语。他认为，从子宫（hysteros）到大脑的不正常血流引发了癔症。从中世纪到18世纪，表现出癔症的人们通常被认为是魔鬼附体了，需要驱魔治疗。到19世纪中叶，先前对"磁场疾病"感兴趣的治疗者开始关注癔症。现代神经学领域的早期实践者也开始注意到癔症这一疾病。他们开始提出一些观点，认为癔症的成因是心理/脑系统的功能运作失调[1]。

## 从麦斯麦术到催眠

对癔症的研究取代了对磁场疾病的兴趣，催眠（hypnosis）技术也取代了麦斯麦术。与癔症类似，催眠也是一种古老的现象，可以追溯到古埃及时

---

[1] 保罗·布里克特（Paul Briquet，1796—1881）在作品中系统描述了癔症起因的新观点。保罗·布里克特是一位法国医生。他认为，癔症这类小病是一种"脑神经症"，起因是暴力情绪对个体产生的影响。这些影响是由遗传因素决定的。读者若想了解神经症（neurosis）这一概念，可以翻阅第5章"心理地形图"。

代。但是，催眠这一术语是由詹姆斯·布雷德（James Braid，1795—1860）在 1843 年创造的。詹姆斯·布雷德出生于苏格兰，是一位在曼彻斯特行医的外科医生。他使用了希腊语中的词"*hypnos*"（睡神）来给催眠命名。虽然布雷德最终承认，催眠和睡眠没有关系，但是，催眠这个名称仍然被保留了下来。一名瑞士麦斯麦术师的示范曾让布雷德产生了浓厚的兴趣。于是，他开始尝试在他的仆人、朋友，甚至是妻子的身上引发昏睡状态。为了解释这种现象，布雷德否定了麦斯麦的磁液理论，提出了自己的理论——催眠的原因是脑生理机能的改变。当然，他的理论是有些含糊的。欧洲各地很快采用了布雷德的新术语，把催眠作为官方的新医学名词，用来称呼以治疗为目标的、引发昏睡的技术。

## 神经科学、神经学和精神病学领域的出现

对于新领域（神经科学和神经学）中的受训者来说，癔症和催眠都是极其有趣的。虽然很长时间以来，大脑一直被视为心理的器官（希波克拉底和盖伦都曾这样描述过），但是，直到 19 世纪下半叶，科学家们开始揭开脑结构和功能的奥秘时，人类才更深入地理解了脑与各种行为、体验、症状之间的具体关系。科学家-医生卡密略·高尔基（Camillo Golgi，1843—1926）和圣地亚哥·雷蒙·卡哈尔（Santiago Romon y Cajal，1852—1934）（分别在帕维亚大学和马德里大学）进行了脑组织的显微镜研究，推动了神经元学说（neurone doctrine）的进步。神经元学说认为，脑结构的基本单元是一种特异性的细胞——神经元。因为发展了神经元学说，高尔基和卡哈尔在 1906 年共同获得了诺贝尔医学奖。如今，神经元学说已经成为现代神经科学的基础。除此之外，在 19 世纪下半叶，柏林大学的生理学家-医生埃米尔·杜·波依斯-雷蒙德（Emil du Bois-Reymond，1818—1896）和赫尔曼·冯·亥姆霍兹（Hermann von Helmholtz，1821—1894）开始解释神经元的电化学功能。神经病理学家-医生们，包括保尔·皮埃尔·布洛卡、卡尔·威尔尼克、约

翰·修林斯·杰克逊等分别在巴黎大学、布雷斯劳大学、伦敦医院等地也开始绘制特定脑区与功能之间的联系，如发音和语言（布洛卡和威尔尼克），以及运动功能（修林斯·杰克逊）。与此同时，在欧洲各地的实验室中，基础神经科学正在腾飞，基于高校的精神病学也因此得以兴起。生物学家-精神病学家威廉·格里辛格（Wilhelm Griesinger，1817—1869）是苏黎世布尔霍兹利精神诊所的首位院长，常被尊称为"现代学术精神病学之父"。他的著名言论是："精神疾病是脑的疾病。"

到 19 世纪末，在欧洲各地（尤其是法国），对癔症的新兴趣、催眠技术与心理 / 脑系统的新科学之间发生了整合。这些整合很大程度上应归功于两个人的工作——让-马丁·沙可（在巴黎萨比利埃医院执业）和希波利特·伯恩海姆（在相距近 400 千米的南锡城执业）。他们彼此间的激烈竞争推动了现代心理治疗的发展，而且他们都极大地直接影响了他们共同的一位学生——年轻的西格蒙德·弗洛伊德。

## 让-马丁·沙可：癔症和病源观

让-马丁·沙可（1825—1893）是 19 世纪医学者中熠熠生辉的人物之一，是史上最优秀的一位神经学家。沙可获得的荣誉应归功于他在萨比利埃医院的工作。1862 年，他被任命为该医院某主要科室的主任医师。当时，萨比利埃是一所又大又破的医院，有 45 幢楼，主要用途是为数以千计的老妇人和妓女们提供医疗收容服务。正是在萨比利埃，菲利普·皮内尔（Philippe Pinel）解放了镣铐下的"疯人们"。萨比利埃医院也因为这一历史性事件闻名遐迩。但是，在 19 世纪中叶，有雄心的年轻人并不会去萨比利埃任职。不过，沙可发现，萨比利埃医院里的病人们呈现出的一些罕见的或未知的神经症状值得进行临床研究。他用了不到十年的时间，把这所几乎被遗忘的收容所改造成了一座现代的学术医疗中心，配备了新的治疗咨询室、研究实验室和一间大礼堂。世界各地的学生和科学家们蜂拥来到萨比利埃，参加沙可的精彩讲座，观看他引人注目的临床示范。

　　沙可认为癔症是一种脑疾病，它使先天在体质上易感的个体更容易遭受精神障碍。他最初研究癔症是为了区分癫痫发作的患者和癔症痉挛的患者。沙可对癔症性瘫痪与创伤性瘫痪之间的相似点也很感兴趣，因为它们都没有明显的器质性起因。沙可所处的时代是铁路运输的黄金时期。铁路上经常发生事故，创伤受害者也越来越多。有很多诉讼是为了确定什么才算真正的瘫痪，这使人们越来越关注与创伤相关的症状的病因。沙可与其合作者建立了详细的癔症分类系统，其中就包括他所说的创伤性癔症。

　　19 世纪 80 年代末，欧洲医疗界已经在一定程度上接纳了催眠，沙可也开始对催眠产生了兴趣。他的实验很快揭示出，癔症患者容易被催眠。通过催眠，沙可能够在癔症患者身上复制出创伤性瘫痪患者身上所具有的相同的症状。他也示范了自己能用催眠移除两组患者身上相同的瘫痪症状。基于这些工作，沙可总结道，催眠、癔症和创伤性瘫痪是相同的，都是暗示（suggestion）导致的结果（见"希波利特·伯恩海姆和南锡学派：心理治疗的起源"这一小节），都是由有规律、有条理的症状组成的。他认为，易感个体有种遗传体质。当受到暗示时（不论是治疗师引导的、自我引导的，还是自然产生的——正如创伤案例中的那样），他们的内心会出现一组连贯的联想，这组联想寄生在心灵中，持续脱离心灵的其他部分，并通过相应的运动现象表达自己。沙可最先提出了这样的概念——小而隐匿的心灵碎片会离开人格的其他部分，按一定的过程逐渐发展，通过躯体症状来表现自己。后来，这些心理生活的隐匿碎片又被称为固着的潜意识想法（subconscious fixed ideas）[沙可的学生皮埃尔·让内（Pierre Janet）提出了该术语]。沙可的这一概念首次揭示出，想法在实体世界中具有起因性质。他提出的概念是具有革命性的——觉察范围之外的想法可以致病（pathogenic），或者有能力引发癔症和其他类型的神经症状。随后，沙可的另一位学生——年轻的西格蒙德·弗洛伊德很快就借用、修改了他提出的概念。

　　年轻的弗洛伊德深受沙可的影响，对沙可满怀热忱。然而，前往萨比利埃的其他访学者却比较审慎。虽然沙可在法国医学界享有声望，他那惊人的临床示范也令人们很兴奋，但最终，沙可同科学界的权威人士发生了冲突。在沙可生命的最后几年，他的学生和病人们开始控诉他对催眠和癔症的研究，指责他的许多著名示范都是"伪造"的，只是实验对象渴望取悦大师罢了。沙可的后继者也拒绝承认他对癔症的研究。1952 年，萨比利埃举办了纪念沙可一百周年诞辰的活动。人们忽视了沙可一生中研究催眠和癔症的那段时期，因为他们认为，那段时期是沙可的光辉事业中的污点。只有法国的超现实主义者出于对所有边缘事物的热爱，在沙可死后把他追颂为"癔症的发现者"。

## 希波利特·伯恩海姆和南锡学派：心理治疗的起源

与沙可同时，希波利特·伯恩海姆（1840—1919）也在法国南锡城用催眠治疗癔症患者。与沙可一样，伯恩海姆也把癔症理解为固着的无意识想法的致病结果。虽然伯恩海姆确实不如沙可多彩，但他也是一位杰出的内科医生，并在斯特拉斯堡阿尔萨斯市的一所大学附属医院工作。1871 年普法战争期间，德国吞并了斯特拉斯堡。伯恩海姆作为一名虔诚的法国爱国者，移居到了南锡（曾经是洛林的省会）。很快，他就在新医院平步青云。

在南锡，伯恩海姆接触到了安罗瓦斯·奥古斯特·利莱博（Ambroise-Auguste Liébeault，1823—1904）。利莱博是一位乡村医生，他用催眠术给穷人治病。因此，很多人认为他是个骗子。利莱博断言，催眠型睡眠与自然睡眠是一样的，它们之间唯一的不同就在于，前者是由暗示引发的。现在，我们知道，这种观点是不正确的，但在当时，利莱博的观点说服了伯恩海姆。实际上，正是因为利莱博使用暗示这个词，该词才得以流行起来，而伯恩海姆则定义了易受暗示性（suggestibility）——"把想法转化为行动的倾向"。后来，沙可也借用了这两个术语。

与沙可的观点不同，伯恩海姆和南锡学派认为，催眠不是一种脑的病理性状态，也不仅仅发生在先天易感的人身上。催眠本身是暗示的结果，可以在任何人身上发生，只是程度不同。南锡学派把催眠（包括与之有关的癔症疾病）和正常心理状态放置在同一个连续体上。这预示了弗洛伊德的观点——本质上，患有癔症的人和"正常"人有着相同的心理结构。最后，另一个与沙可不同的观点是，伯恩海姆很想把催眠发展成一种治疗干预手段。利莱博与伯恩海姆长期合作，用催眠治疗了超过三千名"神经微恙"的患者，既包括癔症患者，也包括风湿病、胃肠疾病和月经失调患者。他们使用的方法是，先用暗示引发催眠，然后用命令式的暗示移除症状。时间久了，伯恩海姆便开始摒弃催眠，直接用暗示来影响患者的致病性想法的症状表现。这种在清醒状态下使用暗示的治疗方式，被南锡学派命名为心理治疗（psychotherapy）。这是人们第一次使用这个如今已十分常见的名词。

　　1882 年，伯恩海姆把自己的思想引入了医疗界。同年，沙可在《科学学术》（Académie des Sciences）上发表了关于催眠和癔症的文章。他们二人很快就成为势不两立的竞争对手，互相借用、解释对方的观点。虽然他们之间分歧众多，但是，他们共有的深刻见解形成了一种新的癔症理论。该理论从脑/心理系统失调的角度解析癔症，认为癔症奇特症状的病因是彼此分隔的觉知系统（或称"意识系统"）和心理生活的碎片在易感个体内部自主运作。以该理论为基础，也产生了一些新的疗法，这些疗法的目标是把分裂开的想法重新整合进正常的有意识心理。1885 年，年轻的神经学家西格蒙德·弗洛伊德动身前往巴黎，向伟大的沙可求学。彼时，这一新兴理论和对应的"心理疗法"已经在中欧得到了广泛传播。

## 西格蒙德·弗洛伊德

　　1856 年 5 月 6 日，在弗赖堡（当时的奥匈帝国边境，摩拉维亚地区的一个小镇），西格蒙德·弗洛伊德（1856—1939）出生了。他的父亲雅各布·弗洛伊德（Jacob Freud）是一位羊毛商人，他的母亲阿玛丽娅·内桑森（Amalia Nathanson）是雅各布的第三任妻子，比雅各布年轻很多。西格蒙德是家里的长子。当他四岁时，他们举家搬到了莱奥波尔德施塔德（维也纳的犹太人聚居区）。阿玛丽娅和雅各布在家中说德语，按照维也纳中产阶级的目标和理念来教养他们的孩子。这种对待融合的态度在当时新城市化的犹太人中是很流行的。我们不清楚雅各布·弗洛伊德在维也纳是如何赚钱养家的，虽然他的经济状况也不太稳定，但他还是成功地抚养了 10 个孩子，供他们接受教育、上音乐课，甚至还能暑假去摩拉维亚度假。据说，他们的家庭生活都是围着长子西格蒙德的需求和愿望进行的。西格蒙德的才智令儒雅、慷慨的父亲叹服，也令美丽、宠爱他的母亲自豪。他的母亲称他为"我那金光闪闪的小西格"。

从各处收集到的弗洛伊德的形象是充满矛盾的。从性情上来说，他是一位热切、充满激情、擅长讽刺的男人，通过努力工作和内省来调节自己的感受。作为追求者，他饱含爱意、十分热情，但又占有欲强、好嫉妒、只顾自己。作为朋友，他对别人有着强烈的依恋，甚至到了急切、依赖的地步，但是，这些关系又不可避免地以厌恶告终（大多是他对别人的厌恶）。他是乐观、充满雄心，一心寻找成为伟人的方法，同时又经常陷入痛苦的自我怀疑中。在职业生涯的早期，他深受神经症症状的折磨，包括心悸、气短、消化不良和极度喜怒无常。他把自己看作独行侠，孤身伫立在充满敌意的世界中，但是，他也过度夸大了他自己及其早期作品遭受蔑视的程度。虽然他大致上认同自己的犹太人身份，宣称自己因此天生就不介意"与世界为敌"，但他又认为神明毫无用处，不过是"一种幻象"。他孩童时期的偶像不是著名的哲学家、智者，而是"征服者"和古代的叛逆英雄。他汲取灵感的来源既可以是伟大的诗人，也可以是科学研究者。然而，他自己的生活方式却是朴素而一丝不苟的，甚至有点像苦行僧。他用大量的时间接待病人，晚上伏案写作。他把闲暇时间或者花在家庭生活上，或者花在晚上和朋友打牌上。弗洛伊德的孩子们都说他是一个深情的、充满慈爱的父亲。换句话说，他把对成功的全部欲望都投注在了发展、推进自己的思想上。

在官方自传中，弗洛伊德坚称，读高级中学时，他是班上最优秀的学生。学校记录也证实了他的说法。弗洛伊德从一开始就阅读了大量政治、历史、文学、艺术和自然科学方面的书籍。17 岁进入维也纳大学读书时，他已经可以使用希腊语、拉丁语、希伯来语、英语、法语、西班牙语和意大利语，而且也对西方的经典作品（从达尔文的著作到西方古典文学）有了通识性的了解。弗洛伊德就读的高级中学的记录显示，期末考试时，老师让他翻译了索福克勒斯的《俄狄浦斯王》（*Oedipus Rex*）中的一段文字。这仿佛有点谶语的意味。

进入维也纳大学时，弗洛伊德原计划学习医学。起初，他并不急于脱离父亲的经济支持。弗洛伊德拥有强烈的好奇心和广泛的研究兴趣，他在大学的生活也因此变得丰富多彩。第一学年的大部分时间中，弗洛伊德都在学习人文学科，阅读路德维希·费尔巴哈 [①]（Ludwig Feuerbach）的作品。他也师从弗朗茨·布伦塔诺（Franz Brentano）——一位哲学家–神父，认为心理具有的意向性界定了心理（或者说，心理总是"关于他物的"，或者表征着心理之外的事物）。弗洛伊德还抽出时间翻译了英国哲学家约翰·斯图尔特·穆勒（John Stuart Mill）的一卷作品（约翰·斯图尔特·穆勒认为，彼此有关的想法联系起来构成了心理过程）。

师从卡尔·克劳斯（Carl Claus）研究比较解剖学一年后，弗洛伊德发表了自己的第一篇论文，内容是鳗鱼的性腺结构。1875 年，他在厄恩斯特·布鲁克（Ernst Brucke）的生理学研究院担任了研究员。布鲁克极大地扩展了弗洛伊德的才智，对其职业生涯带来很大的影响。

## 作为神经病理学家的弗洛伊德

19 世纪 40 年代，厄恩斯特·布鲁克（1819—1892）、埃米尔·杜·博伊斯–雷蒙德、卡尔·路德维希（Carl Ludwig, 1816—1895）和赫尔曼·冯·亥姆霍兹四人一起在柏林大学工作，他们之间建立了深厚的友谊。他们之间的友谊促生了一场科学运动——亥姆霍兹医学学派。布鲁克研究院的运作模式

---

① 路德维希·费尔巴哈是一位黑格尔派的哲学家，他认为人类创造了上帝，也因此使人类"疏远了自己"。

就遵照了这场科学运动的准则。19世纪中叶，实证主义革命席卷了德国的知识界。这四位科学家都受到了实证主义的影响。实证主义是一种指导原则，试图以"不可否认的事实"为基础，将世界上所有的知识系统化。两百多年前，奥古斯特·孔德（Auguste Comte）提出了实证主义这个词①，从那以后，术语实证主义的用途变得更加广泛，也更加模糊不清了。在使用实证主义这个术语时，人们的意思是：用科学的语言和方法解释世界。19世纪中期，实证主义与两种重要的态度紧密地联系在了一起：经验主义（相信关于世界的真正知识只源自感官证据）和唯物主义（相信通过研究物质特性和能量特性，我们可以理解世界上的一切事物）。实证主义、经验主义和唯物主义彼此联合，共同反对"世界的基础是不可见的神力"这类观点。在生物科学领域，生理科学也与实证主义革命融合在了一起，试图按照化学和物理原理来解释有机体。这种新的生理科学在心理学的发展中起到了极大的作用。它促使心理学成为一门可以在自然科学框架内研究的、有条理的、有规律的学科。弗洛伊德这个精神分析之父和威廉·冯特这个学院/实验心理学之父都是亥姆霍兹学派的直系继承者。他们都曾师从该学派的奠基人。

弗洛伊德确实是一位成功的实验科学家。他对七鳃鳗和小龙虾的显微神经解剖研究为革命性的"神经元学说"做出了贡献。弗洛伊德在生理研究院接受训练，然后研究了人类脑干和颅神经的显微解剖，以及脑瘫和失语症的临床神经解剖学。他对可卡因药理效应的研究给他带来了一定的声望，甚至带来了一些早期的恶名。1885年，鉴于弗洛伊德在神经病理学方面具备的专业水平被大家公认，所以他被任命为维也纳大学的无薪教师（Privatdozent），这是一个备受垂涎的职位。

布鲁克也对弗洛伊德的职业生涯和个人发展给予了重要的指导。他劝说弗洛伊德，虽然弗洛伊德的研究是成功的，但他留在研究院的前景不太光

---

① 孔德在其多类图书《实证哲学教程》（*The Course in Positive Philosophy*，1830—1842）中首次提出了实证主义这个词。

明，因为研究院里有很多比他年长的成功人士，这会阻碍他学术成就的道路。而且，实验室生涯比较清贫，弗洛伊德可能会永远娶不起他自己迷恋的未婚妻——21 岁的玛莎·伯奈斯（Martha Bernays，1861—1951）这个出身于地位显赫的德国-犹太人家庭的女子。1882 年（弗洛伊德取得医学学位后的一年），弗洛伊德离开了布鲁克的实验室，到维也纳医院担任了内科住院医师，准备进一步谋求报酬更丰厚的临床医生一职。接下来的三年中，弗洛伊德学习了内科医学、外科学、眼科学和皮肤病学，而且大部分时间都在研究神经疾病。后来，布鲁克帮助弗洛伊德获得了令人羡慕的朱比利大学的访学奖金。于是，1885 年，弗洛伊德动身前往巴黎，见到了沙可。与沙可的相遇改变了弗洛伊德的一生。

## 弗洛伊德和沙可：心理病理学的新探索

在萨比利埃医院，弗洛伊德开始用一种新的方式思考心理病理。在维也纳大学时，弗洛伊德曾师从特奥多尔·迈内特（Theodor Meynert）简要学习了六个月的精神病学。当时，他将学习内容主要集中在现象学和分类学上，并不关注症状的意义。沙可的个人魅力及其对癔症和催眠的大胆观点，都让弗洛伊德兴奋不已。于是，回到维也纳后，弗洛伊德开始潜心研究心理病理学。很快他便沉迷于把沙可的作品翻译成德语。1886 年，弗洛伊德开始了临床工作。六个月后，他赚到了足够的钱来迎娶玛莎·伯奈斯。当时在维也纳，神经疾病专家屈指可数。因此，弗洛伊德的工作量越来越大，其中大部分病人都是患有癔症的妇女（很少有医生愿意为她们提供治疗）。19 世纪 80年代，弗洛伊德治疗癔症的"医药箱"包括电疗（结合深度全身按摩）、放松浴，以及由美国医生塞拉斯·威尔·米切尔（Silas Weir Mitchell，1829—1914）发明的"休息治疗"的变体。弗洛伊德也开始尝试催眠。他的偶像沙可不是特别热衷于催眠治疗，所以，弗洛伊德的催眠技术更多是受到了伯恩海姆的影响。1889 年，弗洛伊德曾前往南锡城拜访伯恩海姆并停留了两个月，期间他决定翻译伯恩海姆关于催眠的作品。在第二次前往法国的期间，弗洛伊德参加了在巴黎举办的首届国际催眠大会（该会议的举办日期与埃菲尔铁塔的开放日是同一天）。

弗洛伊德治疗癔症的早期技术包括：先引发催眠状态（与伯恩海姆描述的一样），然后用命令式的暗示来移除症状。虽然弗洛伊德热切支持伯恩海姆的疗法，但是，他很快就在用暗示移除症状时感到了挫败。他抱怨伯恩海姆暗示法的"梦幻色彩"与患者痛苦的"无情现实"之间存在反差。后来，弗洛伊德修改了伯恩海姆的技术——他不仅用催眠来治疗，也用催眠来"研究"疾病。弗洛伊德的这种做法直接受到了一位维也纳同事的影响。这位同事就是约瑟夫·布洛伊尔。他为弗洛伊德指明了一条道路，使弗洛伊德能够一边进行临床工作，一边热切寻找病症的深层意义。

## 弗洛伊德和布洛伊尔：《癔症研究》

约瑟夫·布洛伊尔（1842—1925）是一位有名的维也纳家庭医生。他既是备受赞扬的临床医师，也是声誉极佳的研究者。布洛伊尔描述了调节呼吸的赫林-布洛伊尔反射，也因此闻名至今（这只是其工作成果中的一项）。当维也纳处于反犹太期间时，布洛伊尔领导着一群以犹太人为主的医生。他们一起工作、互相帮助。这位长者很快就成为弗洛伊德的导师，给予他鼓励并与他建立了深厚的友谊，甚至为他提供经济上的帮助。布洛伊尔不仅为弗洛伊德提供患者，帮助他进行临床实习，而且与弗洛伊德分享他的癔症治疗观点。

弗洛伊德和布洛伊尔共同创作了《癔症研究》。这是弗洛伊德的第一部长篇心理学论著，出版于1895年。《癔症研究》包含了五个案例（布洛伊尔治疗了其中一个案例，弗洛伊德治疗了剩下的四个），以及两个理论性的章节——一章探讨癔症的病因（由布洛伊尔撰写），另一章讨论心理疗法（由弗洛伊德撰写）。该书描述了布洛伊尔和弗洛伊德对癔症心理病理的理解，也描述了他们是如何用所谓的"宣泄疗法"来治疗癔症患者的。书中还暗含了一些其他内容，它们生动地展现了种种故事。例如，在理解癔症上，弗洛伊德和布洛伊尔如何分道扬镳；弗洛伊德如何从创伤理论转向另一种理论（该理论的基础是被禁止的无意识愿望的影响）；以及弗洛伊德如何逐渐抛弃催眠，最终发展出了一种新的心理模型（这也是与本书内容关系最密切的地方）。《癔症研究》在医学界不能算获得多大的成功，作者每人也只赚了 425 基尔德。但是，从《癔症研究》一书开始，弗洛伊德便走上了撰写心理生活的道路。最终，他的著作集竟达到了 37 卷之多。

## 布洛伊尔的宣泄疗法：安娜·O 的故事

让我们回到更早的 1883 年。当时，布洛伊尔告诉弗洛伊德，他治疗了一位患有癔症的女性。这位女性就是著名的"安娜·O"——《癔症研究》中的第一个案例。安娜·O［她的真名为贝莎·帕彭海姆（Bertha Pappenheim）］是一位年轻的女士，受过很高的教育，拥有不寻常的天赋，在护理她所深爱的父亲时发病。1882 年，布洛伊尔承接了安娜·O 的案例。当时，她的症状包括肢体麻痹、感觉异常、视觉言语紊乱以及精神错乱。她还有两种交替变换的人格——一种是正常的，另一种被她叫作"淘气鬼"。经过自我催眠，安娜·O 会从一种人格过渡到另一种人格。布洛伊尔发现，当安娜·O 处于自我引导的催眠状态时，如果她能"用言语表达当时控制她的情感幻想"，那么她的症状就会消失。基于这样的观察，布洛伊尔发展出了一种疗法——鼓励安娜·O 在催眠的影响下讲述关于症状的故事。他发现，安娜·O 的故事无一例外地指向了症状首次出现时她的心理状态和感受。布洛伊尔仔细分析故事的细节，发现安娜·O 的症状是一种象征性的表达，它们体现了安娜·O 在"正常"状态下意识不到的体验和记忆。这些"丢失"的体验关联着一些情绪。通过讲故事，安娜·O 接触到了这些情绪。此时，"历经漫长又痛苦的努力，治疗程序……奏效了，消除了她的……所有症状"。

在《癔症研究》一书中，布洛伊尔宣称自己消除了安娜·O 的所有症状。很明显，这是一种夸大。历史学家发现，治疗结束后，安娜·O 在疗养院至少住了一年。后来，她成为一位著名的社会工作者，与众多女性一起工作。1954 年，德国印制了她的纪念邮票。但是，不管怎样，人们普遍认为，安娜·O 和布洛伊尔共同发明了一种新的疗法。这种疗法的特点是内省式地探寻、共同叙述以及表达感受。安娜·O 把这种新的治疗过程叫作"清扫烟囱"；她也严肃地将其命名为"谈话疗法"。布洛伊尔则称之为"宣泄疗法"。

一开始，弗洛伊德十分喜欢这种新疗法，把它称为"布洛伊尔的疗法"。从 1889 年起，弗洛伊德便开始用它治疗自己的病人。在 1889 到 1896 年间，弗洛伊德用宣泄疗法催眠病人，试图揭示彼此分离的致病想法，并通过一系列联想，把致病想法追溯回原点——无一例外都是创伤性事件。在工作的早期阶段，弗洛伊德曾按照伯恩海姆的方法，用暗示来擦除创伤性记忆（后来是擦除被禁止的愿望）。他也曾按照布洛伊尔的方法，利用言语表达和情感表达，让致病内容与有意识心理中的其他部分建立联系，来宣泄创伤性记忆（后来是宣泄被禁止的愿望）。

## 弗洛伊德抛弃催眠，发现了动力性无意识

现在，我们到达了精神分析史上一个至关重要的时间段——弗洛伊德逐渐不再使用布洛伊尔的宣泄疗法，转而采取一种新疗法，发展出了新的心理模型。其中最为重要的就是，弗洛伊德抛弃了催眠，采用新方法来治疗患者。虽然弗洛伊德对治疗最初的兴趣就来自催眠，但他对这一技术慢慢地失望了，因为实际上他的许多患者是无法被催眠的，而且即使治疗成功，其治疗效果也是短暂的。弗洛伊德努力寻找一种不依靠催眠的疗法。他想起伯恩海姆曾谈到过，患者在催眠状态下经历的事件只是表面上被遗忘了，如果治疗师向患者坚称他能想起来，这些事件就会被重新带进意识中。弗洛伊德认为，癔症中被忘却的想法可能也是这样的。于是，他开始在患者清醒时尝试自己的治疗研究。弗洛伊德邀请病人让思绪自由流淌，尽量不进行意识控制，这一技术后来被他称为自由联想。弗洛伊德坚持让患者向自己报告进入脑海中的一切，尽可能减少监察，这后来也成了精神分析的基本规则。心理决定论原则让弗洛伊德更加确信，进入患者脑海中的一切思维或感受都是事

先被确定了的联想链中的一环，它们最终会通往原初的致病想法或记忆。换句话说，尽量摆脱意识监察时，患者的思维根本不是随机的，反而会把治疗带往正确的方向。弗洛伊德就这样修改了布洛伊尔的疗法。其最终的效果是，患者是完全"清醒的"，因此可以更主动地参与治疗过程，而弗洛伊德的角色，与此相反，也变得不那么具有入侵性和控制性。

做出这些改变后，弗洛伊德于不经意间发现了一种新疗法。这种疗法让他看到了之前没有发现的患者的心理运作方式。当弗洛伊德鼓励患者更主动地参与治疗时，他第一次瞥见了症状背后的心理活动的世界。这个世界是如此前所未见地广袤。弗洛伊德最先观察到，虽然患者努力想遵从新疗法的要求，但是，他们并不总能报告所有的思维和感受，甚至无法完全意识到自己的心理活动。当患者努力进行自由联想时，他们的思绪中总会出现缺口和中断，他们讲述的故事也不太连贯。弗洛伊德用阻抗这个词来描述联想过程的中断。随后，他观察到，他和患者都要付出巨大的努力来克服阻抗。他不得不反复要求患者说出进入脑海的一切，患者也不得不艰难地满足这一要求。因此，弗洛伊德认为，虽然患者在意识中想要遵从自由联想这个技术的需求，但是，他们还有一种不太有意识的动机——试图隐藏心理生活的某些方面，不让医生和自己看到它们。最终，弗洛伊德发现，患者不愿揭露的心理生活的那些部分都是"令人痛苦的，会引起羞耻和自责的情绪感受……是个体宁愿没有经历过、宁愿忘记的部分"。

综合所有这些观察，弗洛伊德得出了结论——患者想让某些想法、感受、记忆和愿望远离意识，因为他们需要抵御与之相关的羞耻感和自责感。把无法被接纳的想法和感受移出意识是一种防御过程，弗洛伊德称之为压抑。换句话说，弗洛伊德第一次发现了患者心灵中存在的"战争"。而之前使用的催眠技术反而掩盖了这场战争。

弗洛伊德观察了对自我觉察的阻抗，以及克服阻抗所需要的工作。基于这些观察，他构建起了新的癔症理论。虽然布洛伊尔、沙可、让内（沙可的学生）和一些其他人也认为，癔症的病因是"致病想法与正常的有意识心理生活分隔开了"，但是，他们都相信，脑的病理性进程造成了意识中的这些分裂，如"催眠状态"（布洛伊尔）、先天的综合能力缺陷（让内），或者家族性的"心理退化"（沙可）。弗洛伊德则提出了革命性的观点——在癔症中，思维和感受之所以会与意识分隔开，不是因为脑进程疾病，而是因为患者的情绪需求，或者说是"防御性动机"。与"创伤性癔症"（沙可）或"催眠性癔症"（布洛伊尔）不同，弗洛伊德描述了他所说的"防御性癔症"，并坚称癔症患者没有脑疾病，他们本质上是正常人，只是在与那些自己无法接纳的思维和感受在抗争。在弗洛伊德看来，个体与自己无法接纳的思维、记忆和愿望相抗争，把它们从意识中阻隔出去，但是，这些思维、记忆和愿望又继续以症状的形式寻求表达，从而造成了癔症。起初，弗洛伊德认为阻抗只是探索内心生活时的障碍，但后来，他开始不仅对秘密本身感兴趣，也同样开始好奇患者为什么要保守秘密。换句话说，弗洛伊德逐渐把阻抗视为一种最重要的线索，可以利用其来寻找患者情感生活中的冲突地带。当患者能够克服阻抗，接纳心理生活中被阻隔在外的那些方面时，他们的症状就消失了。

## 无意识的"新心理学"：精神分析

到了 1896 年，弗洛伊德几乎完全放弃了催眠疗法，全身心地实践他所称的"心灵分析法"（psychical analysis）。同年年末，他又把"心灵分析法"命名为"精神分析"。随着实践经验的不断增多，弗洛伊德把新疗法用在了许多新患者甚至自己的身上。从 1895 年到 1900 年的这段时间是令人兴奋的，弗洛伊德在此期间用自己独创的疗法不断挖掘着新的可能。虽然在癔症的病因学研究领域，防御性癔症这一概念确实是革命性的，但是弗洛伊德最伟大的创举尚未到来。弗洛伊德满怀壮志，并不愿满足于理解、治疗患者这样的临床工作，而是一心想在世界上留下永远的印记。他寻求着一些庞大问题的答案，这些答案也许能帮助人们弄清"人的本质"。即使工作繁忙——治疗不断增多的病人，与布洛伊尔合著《癔症研究》，努力拓展防御性癔症的理论来解释其他疾病，弗洛伊德还是开始探究起健康心理中防御和压抑过程的运作方式，而不仅仅局限在心理疾病领域。

在 1895 年《癔症研究》出版后到 1900 年间，弗洛伊德狂热地拓展着自己的癔症理论，试图创建一种整体的心理理论。早在 1896 年，弗洛伊德就曾写信告诉过一位朋友，他正在开创一个"新的心理学"，这种心理学不仅适用于神经症患者，也适用于所有人。弗洛伊德认为，每个人的心灵中都存在着无意识的部分。从一开始，这种观点就成了弗洛伊德的新心理学（现在被称为"精神分析"）的基石。在第 3 章中，我们会看到，无意识这一概念是所有精神分析心理模型的核心。

第 3 章

# 动力性无意识的演变

本章将深入探讨无意识这一概念，解释"精神分析中的无意识是动力性的"这句话意味着什么。我会回顾西方哲学中无意识概念的历史，比较精神分析的无意识概念和邻近学科中的有关概念。面对众多证据，为何还是有如此多的人否认无意识的存在？本章介绍的新词汇包括：自动思维、行为主义、认知心理学、认知性无意识、动力性、动力性无意识、机能主义、内省主义、心身二元论、结构主义及无意识。

无意识是精神分析心理模型共有的核心特征。虽然精神分析心理模型各不相同，但其核心观点都是指位于觉察范围之外的感受、思维、记忆、愿望、恐惧、幻想以及带有个人意义的模式会影响我们的体验和行为。在理解人们的痛苦时，心理动力学的核心理论是：症状、令人困扰的人格特质或生活中的问题都体现了个体为解决无意识冲突而付出的努力。"共同探究无意识心理生活可以消除患者的痛苦"便是心理动力学治疗的基石之一。一个多世纪前，弗洛伊德首次提出了无意识心理生活这一概念。虽然从那以后，对无意识心理生活的看法一直被不断地修改，但是，精神分析心理模型最重要的共有特征仍然是"无意识因素会影响心理生活"这个基本观点。本章的目标在于进一步解释精神分析关于无意识的观点，探讨这种观点与其他学派之间的区别。

## 精神分析心理模型中的无意识

在第 2 章中，我曾提到过，弗洛伊德从清醒治疗中收集数据，把心理决定论原则应用到这些数据上，发明了精神分析心理模型，提出了动力性无意识的概念。弗洛伊德抛弃催眠，使用了以自由联想为基础的新疗法，因此得以观察到在心灵中运作着的力量，这是前人从未看到过的。他观察到，患者挣扎在痛苦的冲突中——对内心的东西一方面想揭露，另一方面却又想掩饰，不让自己和医生发现它们。弗洛伊德探究了患者的冲突，然后第一次描述了内在斗争如何分割了心理。从防御性癔症的概念出发，弗洛伊德顺理成章地认为，有意识的、被接纳的思维 / 感受与无意识的、不被接纳的思维 / 感受互相斗争，所有人的心理都被两者的斗争所分割。与当时的其他理论家不同，弗洛伊德认为，心理分裂的原因不是脑疾病或脑退化，而是动机或动力性力量。因此，在精神分析心理模型中，我们常常把无意识称为动力性无意识（dynamic unconscious），以此区别心理的其他非意识方面。下面，我们就将解释动力性无意识的含义。

## 当我们谈论无意识时，动力性这个词意味着什么

读者应该都很熟悉动力性（dynamic）这个词。它是心理动力学（psycho-dynamic）这个词中的一部分，也是精神分析用语中的一个老词。动力性源自物理学的语言。物理学中的动力性描述的是一种多重力量持续相互作用的状态。不过，在精神分析中，我们谈论的是心理，所以动力性涉及的是心理力量，或者更确切地说，是动机的力量。换句话说，精神分析师们认为，无意识是一个充满了隐秘动机力量的世界，包括愿望、需要、希望和恐惧等。它们影响着心理生活和行为的所有方面。

在精神分析心理模型中，我们可以从两种意义上说"无意识心理生活是动力性的"。首先，无意识心理生活影响着我们所做的一切，而不仅仅是在

某些时间影响心理的某些状态。其次，人们会借助压抑这种心理力量，主动阻止无意识内容进入意识。正如我们已经知道的，弗洛伊德用压抑这个术语来描述一种有目的的（或者说被推动的）无意识过程。在此过程中，那些被判定为不合理、不道德、令人痛苦的或无法被接纳的思维和感受会被排除在觉察范围之外。换句话说，当我们努力了解自己的心理时，会有其他一些动力性心理力量来阻止我们。如果思维和感受被这些力量隔绝到觉察范围之外，它们就成了动力性无意识的一部分。

## 日常内省能告诉我们什么

关于意识之外的心理生活，日常内省能告诉我们什么呢？实际上，所有人（即使是那些完全不知道任何心理理论的人）都对无意识或多或少有些了解。日常经历让我们知道，心理可以在觉察范围之外运作。例如，我们都有过这样的体验：突然就想起了已经遗忘的信息，因此这些信息一定是被保存在了内心的什么地方。大多数人都曾在早上醒来时发现自己已经在梦中不知不觉地解决了一直苦苦思索的问题。我们也可以很容易地证明，人们每天都在对阈下刺激做出反应。例如，我们的梦中的图像可能来自清醒时的经历，但是，我们并没有有意识地注意到它们。除此之外，我们还知道，即使我们无法精确地描述我们的知识和我们在做的事情，但是，我们的心理仍然可以用一定的方式处理信息，使我们能够做各种各样的事情——从读书到打高尔夫球，再到开车。日常经验或多或少地告诉我们，心理会在觉察范围之外运作。

精神分析心理模型中的无意识概念是独特的。虽然它也认为心理可以在意识之外存储信息、解决智力问题、记录刺激，而且，许多信息处理过程发生在觉察范围之外，但是，在精神分析心理模型中，无意识概念的重点不在于存储功能、阈下知觉和信息处理能力。精神分析看待心理的独特之处在于，觉察范围之外的思维和感受不仅仅被存储在某些看不见的心理角落中，等待我们去发觉和忆起，它们还是活跃、有力、持续存在的，而且影响着我们所有的经历和生活选择，不管是重大的，还是微小的。而且，有些心理过程被放在觉察范围外是为了速度和效率（如某些信息处理过程——爬楼梯时判断距离，阅读时解码文字等），但是，动力性无意识中的内容之所以被隔绝在觉察范围之外，是因为我们**不想**知道它们。

人们不想了解自己的所有思维。通过日常内省，我们可以在一定程度上体会到这一点。我们都知道，我们会时不时地对一些情境做出不合理的反应，或者会做一些无法解释的事情。同样，我们肯定也能在他人身上观察到这些现象。通常，我们都确信自己知道他人行为背后的"真实"动机。我们也担心（通常这种担心是正确的）他人看到了我们身上的某些东西，而这些东西是我们自己不曾发现的。压抑这一概念隐含着自我欺骗的意味。通过自我反思，我们也能觉察到自我欺骗。我们都不得不承认，在解释自己的反应或行为时，我们有时是自欺欺人的，尤其是当我们面对他人的强烈反对时。我们的所作所为也可能出于某些令我们不那么自豪的原因，例如，有点自私自利，想战胜或报复他人，或者为了满足自己的私欲，等等。我们同样也可以很容易在他人身上看到自欺的例子。实际上，即使是孩童也能理解人们如何及为何对自己隐藏真实的感受和动机。这种理解能力是每个正常孩童都有的心理装置的一部分。研究表明，六七岁的孩子就已经知道，为了避免羞耻感和内疚感，人们常常会竭尽全力地不让自己看清自己真实的动机和感受。换句话说，内省能够告诉我们关于无意识（甚至是动力性无意识）的很多东西。

## 对有意识心理的早期探究

很多人认为弗洛伊德是论述无意识心理生活的第一人，甚至可以说是其

"发现者"①。但其实，他不是第一个提出"觉察范围之外可能存在心理活动"的人。不过，当弗洛伊德开始创立"新心理学"时，他确实与其他新的学术／实验心理学领域产生了巨大的分歧。这些流派的目标是"准确地描述意识"。

## 威廉·冯特及其后继者：内省主义和机能主义

这一新领域的创始人是医生威廉·冯特（Wilhelm Wundt, 1832—1902）。与弗洛伊德不同，冯特出身于书香门第，他的父亲是德国西南部的一位路德派牧师。1857年（也是弗洛伊德出生一年后），冯特受弗洛伊德的偶像——赫尔曼·冯·亥姆霍兹的指导，在新成立的柏林生理学研究院担任研究助理一职。1879年，当弗洛伊德在维也纳厄恩斯特·布鲁克研究院刚刚成为一名神经病理学家时，冯特已在莱比锡大学建立了他的第一个实验室。这个实验室是由废弃的储物间改造而成的，冯特将其命名为"心理研究所"。冯特的研究计划的基础是一种名为内省（introspection）的研究技术——控制注意力，关注瞬息间微小的有意识体验，如声音、光和颜色等。冯特创立的这种心理学后来被称为内省主义（introspectionism）。冯特的目标在于阐明有意识心理生活的基本元素［他把有意识心理生活划分为感觉（sensation）和感情（feeling）］，探究这些基本元素如何相互作用，从而形成有意识的体验。因此，当我们对比精神分析和学院派心理学时，我们会看到，它们两者都出自亥姆霍兹学派，在起源上有着很大的重叠，但是，我们同时也会发现，弗洛伊德感兴趣的是无意识的心理状态，这与"正统"心理学中正在兴起的流派有着巨大差异。

冯特的学生爱德华·布拉德福德·铁钦纳（Edward Bradford Titchener, 1867—1927）是一位心理学家，出生于英国。1892年，他在美国康奈尔大学

---

① 弗里茨·皮尔斯（Fritz Perls）是格式塔疗法的创立者，他把弗洛伊德称为"无意识的利文斯敦"，也就是说，他把精神分析之父比作了"发现"尼罗河源头的英国探险家。也见查尔斯·范·多伦（Charles Van Doren）所著的《知识的历史：过去、现在和未来》（*A History of Knowledge: Past, Present, and Future*）一书。

建立心理实验室，延续了冯特的传统——把心理等同于意识。铁钦纳建立了名为结构主义（structuralism）的心理学流派，继续完成冯特的计划，即描述有意识心理的结构。威廉·詹姆斯（William James，1842—1910）曾是一名医生，也是一名哲学家，后来转向了心理学。1875 年，他在哈佛大学首次教授了生理心理学。他也是心理学机能主义（functionalism）流派的主要倡导者。与冯特和铁钦纳的内省主义和结构主义不同，詹姆斯的机能主义认为，心理学的目标应当是阐明心理生活的功能或目的。从 1890 年到 1920 年这 30 年间，结构主义与机能主义在美国心理学界相互竞争，共同引领着心理学领域的发展，直到行为主义（behaviorism）兴起（后面，我会更多地谈论行为主义）。虽然冯特、铁钦纳与詹姆斯竞争激烈，但他们都认为心理生活等同于意识。和当时大多数的心理学家一样，詹姆斯也认为心理事件与脑进程是关联在一起的，但是，与弗洛伊德相反，他声称："意识……'对应'着脑当下的全部活动。"

## 勒内·笛卡儿的遗产：心理就是意识

　　冯特、铁钦纳、詹姆斯及早期学院派心理学中的许多人都理所当然地认为，心理可以等同于意识。无论如何，他们都继承了法国数学家、哲学家勒内·笛卡儿（Rene Descartes，1596—1650）的思想。这位西方知识史上的伟人是中世纪科学哲学现代化运动的中流砥柱，被誉为现代心理学之父。1639 年，他开始书写其最重要的著作《沉思录》（Meditations）。① 在这本书中，笛卡儿展开了对知识可能性（scientia）的一系列沉思。他否定了教会认可的经院哲学的权威性［经院哲学整合了亚里士多德的作品和托马斯·阿奎纳（Thomas Aquinas）的教义］，开始站在彻底怀疑论的立场上深思，探寻什么才是个体能够确定的。笛卡儿最著名的论点是，唯一无法怀疑的便是怀疑

---

① 笛卡儿这本书的全名是《第一哲学沉思录：论证上帝的存在和人类肉体与灵魂的区分》（*Meditations on the First Philosophy: In Which the Existence of God and distinction Between Mind and Body Are Demonstrated*）。

本身——或者更确切地说，是个体自身对怀疑的体验。这一论点是他的名言"我思故我在"（cogito，ergo sum）的精髓。我不会深入探索笛卡儿如何运用这个首要"真理"推断出必然存在无欺的上帝，然后又确信存在着可以用数学方法研究的外在世界，因为那样就有些偏离主题了。我的主要目的在于了解笛卡儿在发展其认识论的过程中如何创立了新颖的论据，以便追求知识、看待心理。

## 无意识：从笛卡儿到弗洛伊德

然而，不同于以大学为基础的学院派心理学，也有许多人认为，在觉察范围之外，确实发生着一些重要的心理事件。实际上，自古以来，关于心理中隐匿方面的精练格言可谓是卷帙浩繁。例如，柏拉图（Plato，公元前428—348）认为，知识是对被遗忘的理念的再发现，这意味着可能存在无意识的心理生活。受柏拉图的影响，基督教哲学家奥古斯丁（Augustine，公元354—430）写道，他难以领悟自己的心理，因为心理的很多部分都是无法觉知的。中世纪经院哲学之父圣·托马斯·阿奎纳（St. Thomas Aquinas）提出了一种心理理论，强调心身一体以及无意识因素的重要性。虽然笛卡儿对那些正统的学院心理学的创立者具有极大的影响，但是现代欧洲也存在着另一些思想传统，它们认为心理生活并不等同于意识。

### 启蒙哲学与无意识

德国博学家戈特弗里德·威廉·莱布尼茨（Gottfried Wilhelm Leibniz，1646—1716）的论著遍及法律、哲学、数学（微积分和二进制系统）、逻辑、机械和物理，他常被视为论证无意识心理活动的首位后笛卡儿欧洲科学家。在1704年出版的《人类理解新论》（New Essays Concerning Human Understanding）一书中，莱布尼茨坚称，在他所称的"统觉"（apperception）阈限之下有许多细小的知觉 [也即微知觉（petites perceptions）]，它们会极大

地影响有意识的经验。笛卡儿坚信"明确且直接的"经验，莱布尼茨则声称
"明确的概念就像岛屿一般，出现在隐蔽物的海洋之上"①。

　　德国哲学家、心理学家和教育家约翰·弗里德里希·赫尔巴特（Johann
Friedrich Herbart，1776—1841）把无意识心理过程的观点扩展成了一个完整
的心理理论。赫尔巴特继承了莱布尼茨的知觉阈限观，又加入了一种动力性
的元素——把观念设想为力。赫尔巴特从莱布尼茨处借用了动力（dynamic）
这一术语。莱布尼茨在讨论机械学时，为了与静止（static）形成对比，首
次使用了动力这个词。赫尔巴特把心理学定义为"心理的机械学"。他认为，
众多知觉、表征和观念在意识阈限上彼此竞争、相互作用，从而产生了所有
心理现象。在赫尔巴特看来，通过他所谓的取代（verdrängt）过程（弗洛伊
德在论及压抑概念时使用了同样的词），较强的观念会把较弱的观念推到意
识阈限之下。赫尔巴特认为，"被压抑的"观念会努力重现，它们会通过与其
他观念建立联系来增强自身。

　　莱比锡大学物理学、哲学及医学教授古斯塔夫·西奥多·费希纳
（Gustav Theodor Fechner，1801—1887）提出了一种研究无意识的实验方法。
他把心理比作漂浮在海上的冰山（弗洛伊德借用了这种说法，该说法本身也
许来源于莱布尼茨的"海中岛屿"）。如今，费希纳大概正因为这一比喻而闻
名遐迩。此外，费希纳在 1850 年开展了一系列实验，用于研究刺激强度与知
觉之间的关系，这虽不为大众所了解，却更具有历史意义。许多学者认为，

---

① 莱布尼茨的观点对众多领域和作者产生了广泛影响。他也同样影响了苏格兰法官和哲学家亨利·霍
姆（Henry Home，1696—1782）。霍姆首次用无意识（unconscious）这一英文单词来指代一种特定的心理功
能——知觉功能。25 年后，德国哲学家和医生厄恩斯特·普拉特钠（Ernst Platner，1744—1818）于 1776 年
首次使用了德语单词 Unbewusstsein（无意识）来描述意识之外的观念，这也是弗洛伊德所采用的单词。到
18 世纪末，在论及心理时，无意识这一词语和概念已经取得了稳固的地位。

这是实验心理学的开端，而且影响了威廉·冯特。[1]

## 德国浪漫主义运动与无意识

　　启蒙运动的哲学家们"狂热地追求理性"，而德国浪漫主义运动的哲学家们则恰恰相反。他们醉心于非理性和个人主义，在19世纪上半叶成就卓越。这些哲学家尤其关注创造、天赋、梦和精神疾病等现象，认为它们都有无意识的根源。不过，与莱布尼茨派的"认知学家"不同，浪漫主义哲学家感兴趣的是无意识动机。他们都受到了瑞士出生的首批浪漫主义哲学家之一让-雅克·卢梭（Jean-Jacques Rousseau）的影响。他在《忏悔录》（*Confessions*）一书中讲述了自己的生平。这可以说是第一本以作者个人感受为基础的自传。卢梭反思了自己的行为和动机，包括那些"长期思考却依然模糊不清"的东西。他的反思与笛卡儿的《沉思录》彼此竞争，共同影响了其后的欧洲思潮。歌德（Goethe，1749—1832）、席勒（Schiller，1759—1851）、科勒律治（Coleridge，1772—1834）等浪漫主义诗人坚称，无意识是心灵隐蔽珍宝的宝库，是所有创造力的源泉。

---

[1] 当费希纳在莱比锡努力实验时，大洋彼岸的英国出现了一群对心理学（包括无意识心理过程）感兴趣的思想家。他们的发起人是威廉·汉密尔顿爵士（Sir William Hamilton，1788—1856）。汉密尔顿出生于苏格兰，是皇家学院的医学、法学及形而上学教授，也是首批对19世纪中叶德国哲学和科学重要进展给予关注的英国哲学家中的一员。汉密尔顿在爱丁堡大学的讲座包含了一些德国的思想。对于心理，汉密尔顿认为："意识变幻（他用这个词语指代心理活动）的圆圈只是更大、更广的行动和激情圈中央的一小部分。我们只能意识到大圈的结果。"

汉密尔顿在心理学界最重要的学生是一些英国医生，其中包括托马斯·雷考克（Thomas Laycock，1812—1876）——一位出生在英国、在德国接受教育的伦敦大学的生理学家，他首次提出了"脑的反射作用"，意指"一种无意识的组织运作原理"，以及威廉·本杰明·卡朋特（William Benjamin Carpenter，1813—1885）——一位英国医生和博物学家，他于1853年创造了术语"无意识脑活动"（unconscious cerebration），该术语很快就在英语国家中流传开来。卡朋特所著的《心理生理学原理》（*Principles of Mental Physiology*）一书讨论了无意识脑活动对意识和行为的下行作用，并以此为证据论证了无意识脑活动的存在。汉密尔顿的医学取向的学生（如雷考克、卡朋特等人），不太关注无意识脑活动的概念基础是形而上学还是脑生理学。他们的目的在于把患者理解成心身一元体中的一部分。与笛卡儿不同，他们假定脑和心理没有区别，是由同种物质构成的。

自然哲学（Naturphilosophie）是德国浪漫主义的标志性产物。它极大地影响了德国文化的方方面面（包括心理学）。弗里德里希·威廉·约瑟夫·冯·谢林（Friedrich Wilhelm Joseph von Schelling，1775—1854）是自然哲学的创建者。谢林的哲学观认为，我们的可见世界源自一种普遍的精神原则——"世界精神"（Weltseele），而世界精神又连续生成了物质、自然和意识。无意识深深植根在宇宙的不可见的存在之中，构成了人与自然之间的联结。虽然在现代人看来，这种哲学是荒诞的、神秘主义的，但是，它确实曾深刻影响了当时的欧洲哲学家和作家。①

亚瑟·叔本华（Arthur Schopenhauer，1788—1860）出生于波兰，在德国接受教育。他的工作主要是在德国大学外进行的。他的作品《作为意志和表象的世界》（*The World as Will and Representation*）于 1819 年首次出版，但是，直到 19 世纪下半叶，新浪漫主义在欧洲复兴，叔本华因此流行起来时，这本书才得到广泛的关注。虽然叔本华的哲学难以归类，但他的思想对本书很重要，因为他强调"生存意志"（Wille zum Leben）的概念——一种盲目的、无意识的力量，它推动着整个宇宙，包括人类的心理。在叔本华看来，人是一种由内在本能驱动的、自欺的、非理性的生物。人的内在本能服务于更大的宇宙意志。

叔本华的作品深刻影响了西方哲学界的另一位巨人——弗里德里希·尼采（Friedrich Nietzsche，1844—1900）。年轻的尼采具有忧思、激愤的个性。他很快就对宗教产生了失望，转而到叔本华的著作和理查德·瓦格纳（Richard Wagner）的音乐中寻找灵感。尼采坚信人类的自欺，并且试图证明所有情绪、态度、观点、行为和外在美德都植根于无意识的谎言。在尼采看

---

① 虽然我们已经介绍了古斯塔夫·西奥多·费希纳在建立实验心理学中起到的作用，但这里，我们要再次谈到他。费希纳给自然哲学学派带来了重要的转折。前文中，我们没有提及的是，费希纳认为自然界有着普遍的原则，包括趋于稳定（或恒定）原则、快乐/不快乐原则（与恒定原则有关）、重复原则，以及精神能量的概念。他在出版的多卷本《心理物理学》中谈及的成千上万的实验大多是为了证明这些原则的存在。

来，无意识是每个个体不可缺少的一部分，由一系列动荡的思维、情绪和本能构成，包括享乐和奋斗的需要、性欲和兽欲的本能、求知和寻求真相的本能，以及唯一最基础的本能"权力意志"（the will to power）。尼采的作品描述了这些本能的变迁、抑制和各种伪装。《道德的谱系》（*On the Genealogy of Morality*）一书展现了尼采最令人震惊的思想——对基督教道德的坚守不过是被抑制的无意识"愤恨"的伪装形式。尼采更加黑暗地重述了卢梭的观点，他毫不仁慈（就连自己也不放过）地表明，所有宗教和哲学（大概也包括他自己）都不过是一种伪装后的认罪。

卡尔·罗伯特·爱德华·冯·哈特曼（Karl Robert Eduard von Hartmann，1842—1906）的作品集中体现了 19 世纪晚期对无意识心理生活的推测。他的著作《无意识的哲学》（*The Philosophy of the Unconscious*）于 1869 年首次出版。在这本长达 1200 页的巨作中，冯·哈特曼从 26 个主题出发讨论了无意识，其中包括神经生理学、运动、反射、意志、观念、治愈过程、能量、性爱、感受、道德、语言、历史以及终极原则等。虽然冯·哈特曼声称自己展现了系统的无意识哲学，但是，如今他的作品已经几乎被遗忘殆尽。大多数历史学家对其的评论为："既不是好哲学，也不是好科学。"不过在当时，《无意识的哲学》是十分畅销的，从 1869 年到 1881 年间该书被印刷了九次，而且被翻译成了法语和英语。

冯·哈特曼的著作的畅销证明，认为弗洛伊德之前的人不考虑无意识心理生活的观点是错误的。虽然弗洛伊德只承认"伟大的费希纳"对自己有重要影响，但是，大量证据表明，弗洛伊德熟知当时所有的主流心理学论著。例如，我们知道弗洛伊德在大学预科期间读过古斯塔夫·阿道夫·林达（Gustav Adolf Lindner，1828—1887）的心理学教科书，而赫尔巴特的思想在这本书中具有核心地位。所以，虽然弗洛伊德从未引用过赫尔巴特的作品，但他对其是熟悉的。更有意思的或许是弗洛伊德对待叔本华和尼采的态度（他们的思想都与弗洛伊德的极其相似）。他否认受到过叔本华或尼采的影响，声称自己直到晚年才开始阅读叔本华和尼采的著作，因为他"刻意不让任何现有思想阻碍自己探究精神分析"。显然，弗洛伊德很想保护压抑理论的原创性（压抑理论被他视为精神分析的基石）。他声称该理论可以肯定是他独立思考出来的。正如艾伦伯格所言，不管弗洛伊德在构建自己的理论时是否阅读过叔本华或尼采的作品，他都无疑从属于 19 世纪中晚期文学和哲学的传统潮流。艾伦伯格［继克拉格斯（Klages）之后］把该传统称为"强烈的披露倾向"，即"系统研究欺骗和自我欺骗，发现事实的真相"。不光是叔本华和尼采，众多作家［如亨利克·易卜生（Henrik Ibsen）］也都是该潮流中的成员。弗洛伊德曾带着极大的敬意引用过亨利克·易卜生揭露生活谎言的戏剧。

## 无意识心理过程与当代学院派心理学

我们已经了解了弗洛伊德是如何提出动力性无意识这个概念的。我们也知道了，在西方哲学中，无意识的概念并不新颖。但是，动力性无意识的概念却与冯特新学院派心理学中盛行的观点相去甚远。自 1879 年成立后，学院派心理学发生了很多变化，精神分析学家已不再是心理学界唯一试图描绘无意识心理生活的独行者。不过，这一转变并没有立即发生。虽然在 1890 年到 1920 年的这 30 年间，各种形式的冯特内省主义主宰了美国的心理学界，但是，在 1930 年至 1940 年间，行为主义异军突起，一跃成为当时学院派心理学的主要范式。

### 行为主义的出现

行为主义（behaviorism）是心理学的一个分支，试图把人类（和动物）的活动归为一连串由强化联系起来的刺激-反应连接。行为主义的创立者包括提出条件反射（conditioned reflexes）概念的伊凡·巴甫洛夫（Ivan Pavlov，1849—1936），提出强化（reinforcement）概念的爱德华·李·桑代克（Edward Lee Thorndike，1874—1947），以及创造了术语行为主义本身的詹姆斯·B.华生（James B. Watson，1878—1958）。严格的行为主义者认为，内省获得的数据是不可靠的，也不是研究人类活动所必需的。一系列条件反射就可以很好地解释人类的活动。为了追求科学的客观性，行为主义者声称，心理学应当只研究外显行为。它不仅要远离无意识概念，甚至要远离心智这种说法本身。在行为主义者看来，心智是脑活动制造的幻象，是神经系统的无意义副产物，不能作为人类行为的起因。虽然行为主义者认为，人类行为是基于"非意识"活动的，但他们拒绝无意识心理这种概念。在行为主义者的眼中，心理学应当研究老鼠为寻求奖赏如何在迷宫中穿梭、通过电网，或者如何设置孩童的行为，从而创建起一个完美的社会［出自 B. F. 斯金纳（B. F. Skinner）的畅销小说《瓦尔登湖第二》（*Walden Two*）］。虽然在 20 世纪 50 年代，多拉德（Dollard）和米勒（Miller）付出了巨大的努力，试图把社会学习理论与精神分析联系起来，但是，两者的绝大多部分依然存在重重阻隔。

### 认知心理学的兴起

到了 20 世纪中叶，学院派心理学界开始从行为主义转向了对认知（cognition）的研究。这种新兴的心理学派被称为认知心理学（cognitive psychology）、认知科学（cognitive science），或认知神经科学（cognitive neuroscience）。这些名称都包含有认知这个词，意指人类如何认识、了解事物。认知科学是心理学中的一种跨学科视角，源自计算机科学、人工智能、心理语言学、动物行为学、人类学、神经科学和心理哲学等众多领域。

从 20 世纪 40 年代起，上述领域的理论家越发不满足于把行为解释成条件反射的结果。他们提出，人类的许多能力，如语言、问题解决、计划、记忆、创造和想象以及一些复杂的动物行为（如筑巢、交配），都是十分复杂的，不能用反射链来解释。这些理论家开始假设存在一些稳定的、自动化的认知结构或表征（representation）。它们在有机体内部运作（就像电脑里的软件一样），引发有机体的行为（或输出）。由于研究领域的不同，这些表征结构包括了符号、规则、表象、程序、图式、心理地图、期望、计划和目标等。语言学家们也假设语言存在着深层结构（deep structure），这种结构无须学习就能成熟；计算机科学家以算法为基础编写程序，实现了机器运算；人格理论家描述了稳定的、模式化的特质，其中某些特质似乎是天生的；而数学家则创建了一个新的学科——信息论（information theory）。所有这些都取代了条件反射链。换句话说，认知科学家们认为，不论及心智，就不可能理解人类自身。

20 世纪下半叶，认知科学变得十分流行，谈论"认知革命"已经是极为平常的事了。正如在第 1 章中我提到的，认知科学是在另一条平行的道路上研究无意识心理过程，探索与信息加工（information processing）有关的能力。认知性无意识（cognitive unconscious）的重要概念包括内隐知识（implicit knowledge）、隐性知识（tacit knowledge）、程序性知识（procedural knowledge）、内隐学习（implicit learning）、内隐记忆（implicit memory）、非陈述性记忆（nondeclarative memory）、非意识构想（nonconscious construals）、适应性无意识（the adaptive unconscious）、阈下知觉（subliminal perception），以及前注意加工（pre-attentive processing）等。认知行为疗法在一定程度上是以认知心理学为基础的。认知行为疗法把无意识心理过程称为自动思维（automatic thought）。非意识进程（nonconscious processing）这一术语也许令人困惑，因为该术语既被用于指代认知性无意识，也被用于指代所有心理运作背后的神经基础。实际上，已经有不少领域研究了无意识进程的神经基础，如裂脑实验、脑处理焦虑的通路，以及"盲视"现象等。

认知性无意识的这些方面与弗洛伊德所称的描述性无意识（descriptive unconscious）有些重叠之处（见第 5 章"心理地形图"）。认知性无意识也与 300 年前莱布尼兹及其追随者提出的思想有大量的重叠。但是，认知心理学家感兴趣的无意识心理运作类型与精神分析家感兴趣的不同。认知性无意识主要包括了觉察之外的信息加工现象。因为这类无意识过程的效率极高、速度极快，所以研究者们认为其是不可或缺的。作家马尔科姆·格拉德威尔（Malcolm Gladwell）在其著作《眨眼之间：不假思索的决断力》（*Blink:*

*The Power of Thinking Without Thinking*）中从流行科学的角度描写了无意识信息加工现象，引发了读者的兴趣。这本书集中讲述了我们能够在阈下的水平上，快速地或"眨眼间"处理众多来源的复杂信息。即使给予其密切的关注，这类无意识信息加工也不会变得有意识。

然而，精神分析家感兴趣的动力性无意识包括了无意识的动机和感受。这些动机和感受之所以被放在觉察范围之外，不是为了高效，而是因为它们被评定为无法被接纳的。近年来，由于认知心理学界出现了许多新的概念，精神分析动力性无意识与认知性无意识之间的重叠之处也越来越多。这些新概念包括无意识情感（unconscious affect）、非意识目标寻求（nonconscious goal pursuit），以及无意识动机（unconscious motivation）。无意识扫描操作（unconscious scanning operations）或元认知（metacognition）使我们能够调解冲突。这两个术语是由认知心理学家提出的，用于描述人类监测自身心理的能力。个体也因此能在众多优先项之间进行妥协。后面我们将会看到，精神分析心理模型大量研究了心理是如何在冲突间达成妥协的。

在谈论有关无意识心理过程的文献时，我们要知道，心理学不同观点之间的竞争使得学科共同体没能形成描述心理的通用语言。由于心理科学界盛行的"语词之争"，当我们试图把精神分析的无意识与源自认知心理学的概念联系起来时，一定会遇到许多困难。我们可以在俄德尔依（Erdelyi）、侯赛因（Hassin）、韦克菲尔德（Wakefield）、温伯格（Weinberger）、韦斯（Weiss）、韦斯滕（Westen）及众多研究者的作品中看到，他们是如何比较认知性无意识和动力性无意识的，也能看到支持这两者的实验证据。潘克赛普（Panksepp）、索尔姆斯（Solms）、特恩布尔（Turnbull）及泽尔纳（Zellner）的作品总结了可能有关的神经通路证据。更有趣的是，我们也发现了来自其他领域的、关于无意识心理活动的概念，这些领域包括经济学、进化心理学、政治科学和文化理论等。

## 关于无意识的争论：自知与自欺

　　人们大多接受无意识心理运作的概念，甚至认为这是一种常识，但研究者们对这种心理运作是否存在依旧争论不休。虽然觉察范围之外有心理生活的看法由来已久，而且这种观点也被大多数当代心理学家和心理哲学家所承认，但是，我们常常会听到受过教育的、甚至富有知识的人坚称自己"不相信无意识"。那么，既然如此多的人质疑觉察范围之外存在心理生活，我们又该如何理解这一现象呢？

　　实际上，人类十分愿意相信我们能够直接地、有特权地、全面地接触自己的心理生活，换句话说就是，通过内省，我们可以了解自己的心理。笛卡儿声称他能够"明确、直接"地接触到自己的内心世界，这种信念构成了他的哲学基础。虽然笛卡儿遭受了许多批评，但他对被心理哲学家们称为"第一人称知识"（first-person knowledge）的内容的主张，与我们所希望相信的内容产生了强烈的共鸣，即我们确实知道自己的所思所想。一些历史学家认为，长久以来，西方哲学界一直很重视人类的自我觉察能力。这最早始于文艺复兴时期——哲学论著中首次出现了"觉察"和"自我意识"等词语，然后在欧洲启蒙运动"对理性的狂热"中达到了顶峰。如此看来，哲学界有种传统，即崇尚意识觉知、理性和自我决断，笛卡儿只是这类传统中发出最强声的哲学家。

　　有些研究者认为，我们之所以坚信自己拥有"第一人称知识"，不仅仅是因为文化价值观，也是因为人生来（或者说"硬件上"）就有这样的特点。神经科学和心理学年鉴上到处都是这样的观察——人们常常宣称自己明白自己的所作所为，而事实却显然相反。例如，接受催眠暗示以后，被催眠的人会做出种种奇怪的事，如爬到桌子底下"找小鸡"。他们会为自己的行为找出各种各样的事后解释，却意识不到自己其实是在遵循催眠师的指令。在之前提到的裂脑实验中（见"认知心理学的兴起"一节），被试曾接受过切断大脑两半球连接的外科手术（治疗顽固性癫痫的一种罕见疗法）。当给这些被试呈现的刺激是针对非意识／非言语大脑半球时，他们会对刺激做出复杂的行为反应，却无法意识到这些刺激。如果问他们在做什么，为什么这么做（例如，把卡通片呈现给非意识／非言语半球时，被试发笑），他们给予的解释与呈现的刺激之间是毫无关联的。这些被试很少对自己的行为表示困惑或惊讶。看起来，人几乎不可能承认（或者更准确地说，不可能意识到），当我们理解自己的心理时，往往并不知道自己在想什么。

当弗洛伊德处于相当淘气的情绪时，他很喜欢反思自己对无意识的看法有多么令人不安，以此来惹恼他的读者。他从不谦虚，甚至宣称自己的思想如同哥白尼和达尔文一样震撼。弗洛伊德坚称，继西方科学界这两位伟大的先驱者之后，他有幸给人类带来了第三次严重的"自恋创伤"。正是哥白尼首次提出，地球不是宇宙的中心，这"从宇宙层面上炸碎"了我们的自体爱。正是达尔文首次提出，人类不是造物主的独特创造，这是"生物层面的爆炸"。弗洛伊德则给人类带来了一场"最伤人的爆炸"。他坚称，无意识的概念要求我们不得不接受的事实是——我们甚至都不知道自己在想什么。无论我们多么努力地想遵从"认识你自己"这一古老的格言，我们似乎都注定无法（其实是不愿意）完全了解自己。

# 第 4 章
# 精神分析心理模型的核心维度

本章将定义所有精神分析心理模型都会强调的五个核心维度：地形学、动机、结构 / 过程、发展以及心理病理学 / 治疗，纵览四种主要的精神分析心理运作模型：地形学模型、结构模型、客体关系理论和自体心理学。我会向读者介绍本书的基本脉络，即以一张图表的方式展示每种精神分析心理模型是如何概念化这些心理运作和心理病理学 / 治疗的核心维度的。本书的目标在于努力提供一个整合的精神分析心理模型。本章介绍的新词汇包括：适应性观点、发展线索、发展性观点、渐成论、起源学观点、享乐原则、动机性 / 动力性观点、先天和后天、快乐 / 不快乐原则、现实原则、结构性观点及地形学观点。

在第 2 章中，我描述了弗洛伊德如何形成动力性无意识的概念（精神分析心理模型的基石）。在第 3 章中，我深入阐述了无意识的概念，探索了以下内容：我们如何通过日常内省，体会到无意识心理运作的某些方面；历史上的哲学家和心理学家如何看待无意识；当代心理学家对此又有什么想法；以及面对如此多的证据，为何还有很多人继续否认无意识心理运作是可能存在的。精神分析心理模型的基本特点是，隐蔽的动机性力量——感受、思维、记忆、愿望、恐惧、幻想以及带有个人意义的模式之所以被隔绝在觉察范围之外，是因为我们无法接纳它们——持续地影响着我们的体验和行为。这种看法也是地形学观点的核心。同时，精神分析界尝试建立的心理模型还有其他四个基本方面，它们与地形学观点共同构成了五个维度。接下来，我会先概述心理的这五个关键领域。

## 心理运作的关键领域

所有的精神分析心理模型都大量研究了地形学、动机、结构 / 过程、发展以及心理病理学 / 治疗这五个领域。前四个基本维度是任何心理模型都需要考虑的。最后一个基本维度是个双重范畴，每种模型都要深入思考这一维度才能帮助患者。有时，心理生活的这些基本方面会被称为"观点"（points of view）。这五个关键领域提供了一种策略，即从普遍原理的角度重构我们对心理生活的观察，从而允许临床医生把患者的信息转变成对患者心理的了解，并最终理解患者的痛苦。概述心理的核心维度，可以使精神分析心理模型更容易被理解、整合，而且更容易被用于帮助患者。

### 地形学

不管是正常的还是异常的心理，都会被分成意识和无意识两个部分，这种看法往往被称为"地形学观点"（topographic point of view）。每个精神分析心理模型都要描述心理的地形图，即什么是有意识的，什么是无意识的。正因为地形学观点如此重要，我才把它列为精神分析心理模型的首个基本特征。最早的精神分析心理模型本身就被称为"地形学模型"。这一早期模型十分关注地形学的心理运作观，但也包含了其他四种观点。

### 动机

动机是所有精神分析心理模型共有的第二个特征。动机意指心理和身体活动的推动力，其形式可以是需求、恐惧、愿望、目标和意图等。在精神分析心理模型中，动力性或动机性观点意在理解人们的动机。简单来说，动机性观点试图回答这样的问题："人们为什么这么做？"或者"使人们运转的是什么？"在精神分析心理模型的演化过程中，动机性观点几乎与地形学观点同样重要。我们已经知道，动力性无意识概念中内含的观点是：行为的成因是两种动机力量的相互作用——既想表达又想隐藏无意识的心理内容。换句话说，心理内容可以是无意识的，因为我们不想知道它，或者说"出于防御的动机而不想去了解它"。

精神分析界一直在争论，人类动机的核心本质是什么。我会在本书的后续章节中继续探讨这些纷争。不过，即使有种种争议，动机理论的一些方面仍然是大多数精神分析家都赞同的。首先，与行为主义和社会学习理论不同，精神分析模型认为，**体验和行为是由心理内部推动的**。换句话说，行为不仅仅是对外部刺激的一系列反应。心理能够自发活动，而不只是对环境做出反应。实际上，当弗洛伊德抛弃了诱惑假说，转向动机源自儿童的心理内部时，精神分析便越来越关注内在的心理生活（见第 7 章"俄狄浦斯情结"）。不管研究者认为动机源自生理的迫切需求，还是源自内化了的文化制度，在精神分析心理模型中，动机总是拥有某种在决定行为时发挥起因作用的心理成分。

其次，除了认为动机源于心理内部以外，**精神分析模型还认为动机遵循快乐 / 不快乐原则**（pleasure/unpleasure principle）。该原则表明，行为和心理活动总是寻求最大的愉悦感，而逃避不快乐或痛苦的感受。在普通心理学中，该原则被称为"享乐原则"。精神分析的发展史可以被转述为一种长期的争论，即从本质上看，引导人类心理生活的基本快乐是什么。例如，弗洛伊德所强调的快乐伴随着性驱力和攻击驱力的满足。他认为，所有其他的快乐都是这些更基础的快乐的变形（见第 9 章"本我和超我"中有关驱力理论的内容）。其他理论家则指出，快乐也内含在依恋、依赖和安全感中。他们提出，这些满足不能被简化为已经提到过的那些满足（见第 11 章"客体关系理论"）。也有一些理论家强调伴随着自主、掌控和自我实现而产生的快乐（见第 12 章"自体心理学"）。不管存在多少争论，大多数心理动力学治疗师都赞成，快乐 / 不快乐原则是引导人类行为的基本指南。快乐原则不是精神分析模型独有的，它是很多心理学流派的基础。不过，记住这一原则，临床医生就能够理解哪怕最令人痛苦的行为——它们是为了某种隐匿的快乐，或者是为了防御更大的痛苦。

再次，**精神分析心理模型也考虑了动机是在心理与外部环境的互动中发展出来的这个事实**。换句话说，除了快乐原则，心理的运作还遵循着现实原则。人类个体的行为和心理生活的某些方面体现了个体为应对外部现实而做出的努力。精神分析模型中的适应性观点就致力于研究、理解这些方面。精神分析心理模型认为，动机既源于有机体内部，同时也在适应环境，因此，我们能够在讨论人类欲望的发展过程时既考虑到内部因素，也考虑到外部因素。至于对动机生成的影响方面应该更强调内部因素还是外部因素，精神分析界有很多争论。例如，弗洛伊德认为基本动机植根于生理的驱力衍生物，会按照已经被大致确定了的成熟顺序显露出来。也有理论家强调，社会和文化决定了愿望、恐惧和渴望。多数当代心理动力学治疗师认为，动机来自先天和后天的复杂互动，环境与遗传的交互作用（尤其是社会基质）进一步塑造了个体的遗传倾向。

最后，**精神分析心理模型还认为，心理总是努力调解着互相冲突的动机**。任何行为或心理体验都不可能既满足快乐原则，又满足现实原则。实际上，仅仅是各种快乐本身就有着众多彼此竞争的迫切需求，更别提那些由恐惧和道德约束造成的迫切需求了。因此，精神分析心理模型还包括了冲突（conflict）这一概念［也被称为"精神冲突"（psychic conflict）］。这种观点认为，心理通过折中形成（compromise formation）努力地调解着互相冲突的愿望、恐惧、道德约束以及现实提出的要求。任何有意识的体验和行为都体现了在彼此竞争的需求之间的一种折中。在心理动力学治疗中，临床医生试图探索患者用来努力调解彼此竞争的要求的众多折中。通过考察折中能否适应现实、产生快乐，我们可以评估个体的心理健康程度。心理动力学治疗试图让患者能够使用更多类型的折中。

## 结构和过程

结构是精神分析心理模型的第三个特征。心理结构可以被定义为相对稳定的心理配置，其改变速度是缓慢的。研究者们观察到，控制心理生活的动机力量以及对其进行调节的过程，不是转瞬即逝或飘忽不定的，而是具有持续、长期稳定的模式。虽然研究者们同样在争论，怎样才能最好地描述心理结构，但是，所有的精神分析心理模型都保留了结构这一重要概念。心理的基本结构是什么？对此的不同看法在一定程度上划分了不同的思想流派。术语结构指代的是各种抽象水平上的心理事件和过程，包括幻想、记忆、想法、道德标准、人格特质、自体和他人的表征等，以及一些更抽象、更复杂的概念，如心理装置或功能模式（如防御）等。弗洛伊德著名的"三我"心理模型把心理生活分成了本我、自我和超我。"三我"模型是个特例，它体现了心理结构这一宽泛的概念如何被用于建立心理模型。

结构这个概念的一个重要方面是其固有的历史性特点。例如，虽然愿望这一概念被设想为只能存在于当下，但是结构这一概念可以允许我们更容易地谈论内心世界的历史和发展过程。既然能够谈论发展过程，我们就能谈论改变的可能。如果我们能够理解心理中的稳定配置如何形成，如何受到威胁以及什么能使它们发生改变，那我们建立的理论就可以既涵盖心理病理学，又涵盖心理改变。我们需要关于改变的理论，因为它是所有心理疗法的逻辑基础。

结构这一概念的另一个重要方面是，每个结构都有其特定的能力，或者说运作过程。我们通常难以区分过程（如初级过程、次级过程、防御、现实检验力等）和结构本身。实际上，我们有时会发现，过程本身就被界定成了结构。因此，我们同时讨论过程和结构这两个概念。

## 发展

发展性观点是精神分析心理模型的第四个重要特征。它认为，从婴儿到成人的发展过程是富有意义的，而且试图把行为和心理生活理解为该过程的一部分。发展性观点假定，只有通过探索成人的过去才能把他理解为一种心理存在。发展性观点不仅致力于理解患者的愿望、恐惧、想法、价值观、态度和适应策略的源头，还探索它们如何随时间而变化。精神分析心理模型的发展性维度从发展心理学中借鉴良多，因为这两个相互交叠的领域都对孩童的心理生活感兴趣。

起源学观点（genetic perspective）是精神分析独有的。在治疗中，患者会向治疗师讲述有关他的过去的主观故事。起源学观点所关注的就是这些主观故事。在这里，起源（genetic）指的不是遗传的分子基础，而是源头（genesis）的意思，或者说"最初的故事"。与此相反，发展性观点却不是精神分析独有的。发展性维度试图从客观观察者的视角来理解心理生活的历史，通常借助了实证的方法。

一开始，弗洛伊德的发展理论关注的是愿望。愿望被组织成驱力，按照一种先天的、生物上确定的步骤逐渐显现——口欲期、肛欲期、生殖器期，以及俄狄浦斯期/性器期（见第9章"本我和超我"）。但是，大多数当代心理动力学治疗师们更喜欢发展线索（developmental line）这个概念。沿着发展线索，我们可以追溯心理生活各个方面的历史，包括愿望、恐惧、道德、自体、客体关系的质量以及自我功能的所有维度。

另外，心理动力学治疗师大多持有一种发展渐成论的观点。渐成论（epigenesis）这一概念认为，个体与环境持续交互作用，从而形成了结构。每个发展阶段的结果都依赖于之前所有阶段的结果。因为，每个新阶段都会整合之前的阶段，产生新的组织水平。渐成论的概念使我们在面对早年的愿望、恐惧和冲突时，一方面能在心理中对其予以保留，另一方面，在一定程度上对其予以改造和取代。渐成论的概念同样使我们能够讨论退行（regression）。退行是一种特定的现象——个体返回到更早的发展阶段。实际上，我们可以这样理解，心理疾病的很多方面都体现了一种退行，即患者采用了过去的策略。这些策略在更早的发展阶段具有适应性，但现在却显得不太合适。

　　发展性观点深化了适应性观点，因为它认为，对于孩童来说，在某个发展阶段具备适应性的那些东西，可能等到长大一些或成人之后，就变得不再具备适应性了。最后，发展性观点使我们能够理解，孩童的心理如何在成人的心理中留存，以至于孩童时期的愿望、恐惧和思维方式一直在影响着我们。

## 心理病理学和治疗的理论（治疗作用）

　　每个精神分析心理模型都既包括心理病理学理论，又包括与之相关的治疗理论。心理病理学理论尝试解答患者的心理如何以及为何造成痛苦。治疗理论则试图解释心理动力学治疗如何能帮助患者得到解脱。弗洛伊德曾说过，心理动力学治疗力图"让所有无意识的致病源意识化""本我在哪里，自我就应该在哪里"。类似这些著名的言论体现出，弗洛伊德是如何在其当时所使用的心理模型框架内构思心理病理学和治疗的。虽然与弗洛伊德所处的时代相比，心理病理学和治疗的理论已如今已经变得极其复杂，但是，为了使目标和策略保持一致，所有临床医生都必须在工作中使用这些理论。

## 四种基本的精神分析心理模型

　　本书讨论的四种精神分析心理模型是地形学模型、结构模型、客体关系理论以及自体心理学。这四种模型是在精神分析 120 年的思想历程中发展而来的，它们体现了思考心理运作的主要方法。在创建了自己的首个心理模型后不久，弗洛伊德就开始不满足于此，而不断修改这个早期模型和后续的所有模型。由此，弗洛伊德就设立起了一种传统——心理模型应该接受新数据的质疑，做出相应的改进。不断更新的临床经验要求修改每个现有的模型，这带来了新模型的发展。因此，正如前文提到的那样，当代的精神分析心理模型是几种模型的集合，每种模型都试图解答其他模型的不足。我们会看到，四种精神分析心理模型都大量研究了心理运作的五个核心维度。每种模型看待核心维度的方式都略有区别，分别强调不同的方面。本书会逐一介绍这四种模型，考察每种模型与其他模型之间的关系，最终试图把它们整合成一个当代的精神分析心理模型。

## 地形学模型

地形学模型是弗洛伊德创立的首个精神分析心理模型，其被创立的时间为 1900 年。该模型假设了一个基本结构，其中包括意识、前意识和无意识三个领域，它们被防御或压抑的屏障分隔开。虽然该模型已经具有一些关于动机、结构、发展和心理病理学 / 治疗的不成熟思想，但其主要关注点仍是心理的地形图。在本书第二部分（第 5 章、第 6 章和第 7 章）中，我会进一步探索地形学模型的基本特征，以及该模型对心理病理学和治疗理论的持久影响。

## 结构模型

弗洛伊德对地形学模型越来越不满，终于在 1923 年提出了其心理结构模型。该模型认为，心理被分成自我、本我和超我三个部分。每部分的结构和动力目标都不同，而且每部分都有无意识的方面。随着弗洛伊德及其追随者越来越重视自我的功能运作，结构模型也开始被称为"自我心理学"。在本书第三部分（第 8 章、第 9 章和第 10 章）中，我会探索结构模型的基本特征，介绍自我心理学的著名理论家，如安娜·弗洛伊德（Anna Freud）、海因兹·哈特曼（Heinz Hartmann）和埃里克·埃里克森（Erik Erikson）等。

## 客体关系理论

弗洛伊德逝世后，客体关系理论在 20 世纪 40 年代得以发展。与之前的模型不同，客体关系理论认为，心理是由内在客体关系（object relation）组织起来的。内在客体关系指的是自体表征、客体表征，以及联结这两者的、自体与客体之间的互动。客体关系理论试图理解一些基本的动机，如依恋和分离等。该理论提出，婴儿从生命伊始就寻求着客体。该理论还探索了在众多压力的影响下，客体关系是如何随时间发展的，这些客体关系中的不同构形（configurations）如何造成了心理疾病，又如何提示了相关的治疗策略。在本书第四部分（第 11 章）中，我们会探索客体关系理论的基本特征，介绍著名的客体关系理论家，如梅兰妮·克莱因（Melanie Klein）、威尔弗雷德·比昂（Wilfred Bion）、D. W. 温尼科特（D. W. Winnicott）、玛格丽特·马勒（Margaret Mahler）、约翰·鲍尔比（John Bowlby）及奥托·科恩伯格（Otto Kernberg）。

## 自体心理学

20 世纪 60 年代，海因兹·科胡特（Heinz Kohut）创立了自体心理学。自体心理学认为，心理的运作体现了一种被称为自体（self）的基本结构的运作。科胡特探索了基本的、天生的自恋（narcissistic）需要。每个人的内心都有这种需要。科胡特假设，我们都寻求照料者的赞赏和鼓励［他把照料者描述为自体客体（selfobject）］。自体心理学提出：孩童时期，在与共情的（empathic）照料者的互动过程中，我们每个人都发展出了自体，而其或多或少都具有稳健的能动性、活力以及构建理想的能力。自体心理学也研究了治疗师的自体客体功能，并以此为基础，描述了一种治疗策略。在本书的第四部分（第 11 章）中，我会探索自体心理学的基本特征，介绍自体心理学的著名理论家，如科胡特及其追随者。

## 跨越四种模型的核心维度

在本书的第二部分（"地形学模型"）中，读者会看到一张表格。这张表格可以帮助我们理解精神分析的心理模型。表格既包含了所有精神分析心理运作模型都强调的核心维度——地形学、动机、结构/过程、发展和心理病理学/治疗，也包含了本书考察的四个基本模型——地形学模型、结构模型、客体关系理论和自体心理学。核心维度和基本模型构成了两轴，共同绘制出贯穿全书的表格。表 4-1 展示了表格的基本样式。

随着我们不断引入各种心理模型，表格也会被逐渐填满。在目睹表格丰富起来的过程中，读者会发现，很多熟悉却难以掌握或整合的概念（如力比多或分离-个体化）其实可以从以下这些角度来理解：动机、结构/过程、发展，以及心理病理学/治疗。另外，四种心理模型的各个方面也是可以联系起来理解的。这意味着，我们可以进行有效的整合。我们的最终目标是让读者掌握一个有用的、复合的精神分析心理模型。在第 13 章"朝向整合的精神分析心理模型"中，我会陈述如何做到这一点。

**表 4-1　精神分析心里模型的核心维度**

|  | 地形学 | 动机 | 结构/过程 | 发展 | 心理病理学 | 治疗 |
|---|---|---|---|---|---|---|
| **地形学模型** |  |  |  |  |  |  |
| 见第二部分（第 5 章、第 6 章和第 7 章） |  |  |  |  |  |  |
| **结构模型** |  |  |  |  |  |  |
| 见第三部分（第 8 章、第 9 章和第 10 章） |  |  |  |  |  |  |
| **客体关系理论** |  |  |  |  |  |  |
| 见第四部分（第 11 章） |  |  |  |  |  |  |
| **自体心理学** |  |  |  |  |  |  |
| 见第四部分（第 12 章） |  |  |  |  |  |  |

# 02
## 地形学模型

第 5 章
## 心理地形图

本章将描述心理的地形学模型。在该模型中，心理由意识、前意识和无意识三个领域组成，其相互间被压抑的屏障分隔开来。所有心理动力学的心理病理学观点和治疗观点都包含了地形学模型的某些方面。它们的目标都是把致病的无意识愿望、恐惧和感受带进觉察范围。本章介绍的新词汇包括：监察者、凝缩、意识、描述性无意识、移置、洞察、诠释、神经症、多元决定、动作倒错、前意识、初级过程、心理现实、重构、强迫性重复、阻抗、压抑物的返回、次级过程、象征化、移情及愿望。

地形学模型是弗洛伊德针对正常心理构建起的首个发展成熟的模型。正如之前所说，弗洛伊德在研究癔症时提出了动力性无意识这一概念。随后，他很快就开始尝试建立一种新的、适用于所有人的心理模型，而不仅局限于罹患心理疾病的患者。心理地形学模型已有一百多年的历史。按照当代心理学的标准，该模型似乎是简陋、陈旧的，但是，它依然深刻地影响着当代的精神分析心理模型和治疗。

在《梦的解析》一书的第 7 章中，弗洛伊德首次提出了心理地形学模型，但是，直到 15 年后，他才开始用该模型来展示一种地形学观点。地形学（topographic）这个词源自希腊语的 topo 一词，意为"地区"。弗洛伊德选用这个词说明，他认为心理由各种结构组成，每种结构都占据着特定的心理区域，运作时与其他结构有着特定的空间联系。弗洛伊德放弃了之前的努力——建立一种以脑为基础的心理学。他明确表示，自己不想用这些心理"地区"指代任何现有的脑结构。心理区域的想法是种隐喻，它展现了心理地域的假想地图：无意识位于意识领域的"下面"，是一种心理地域。

顾名思义，心理地形学模型主要是从地形学的观点看待心理的。它关注哪些心理内容能够被允许进入意识。但是，地形学模型也描述了三个心理领域之间持续的动机性（或动力性）互动——既协同作用又相互冲突，并且每个领域也都影响着其他的领域。另外，地形学模型同样描述了每个心理部分的结构特点，包括各部分的特征和运作模式。最后，心理地形学模型与发展性观点是联系在一起的，它解释了儿童的心理生活是如何留存在成人的内心世界中的。

## 心理地形图：心理的三层领域

地形学模型把心理分成三个领域。它们由浅入深，垂直分布在心理世界中，与意识之间的关系也各不相同。心理的这三个领域是（有）意识心理、前意识心理和无意识心理。意识位于心理的表层，包含了任一时刻处于觉察范围之内的心理体验。意识下面紧挨着的是前意识。前意识包含着描述性无意识中的心理内容。这意味着，虽然它们在任一时刻不处于觉察范围之内，但是，如果加以注意，它们就能被轻松地觉察到。位于前意识下方的是无意识，它埋藏在心理的最深处。与前意识（只是描述性无意识）不同，无意识是动力性无意识。这意味着，即使加以注意，我们也无法觉察到无意识的内容。压抑的力量积极地阻拦着它们，不让它们进入意识中。

## 动机

心理地形学模型最明显的特征是：无意识、前意识和意识心理领域之间的动力性互动。实际上，正如我在本书第一部分中谈到的那样，心理地形学模型直接来自动力性无意识的概念。动力性无意识是由愿望构成的。《韦氏词典》把愿望定义为一种渴求行为。在精神分析心理模型中，愿望指的是力求体验到某种满足。地形学模型认为，心理中最重要的互动是前意识与无意识之间的持续斗争。这两个领域被监察者所分隔。它有权决定什么愿望是社会或道德所允许的。在这一早期阶段，弗洛伊德越来越确信，带有性特点的愿望是心理中最重要的愿望。他也相信，性愿望是最无法被接纳的。在第 9 章中，当我们探讨心理的结构模型和本我的概念时，我们会看到弗洛伊德如何把愿望组织成了力比多驱力和攻击驱力，又如何发展出了驱力理论来解释这些不同类型的动机是怎样运作的。

讲解动力性无意识时，我已经说过，在地形学模型中，无意识的动力性有着双重含义。我之所以说无意识是动力性的，首先是因为无意识愿望每时每刻都在寻求表达自己，并且影响着我们的一切行为和感受，其次是因为无意识愿望是我们不想知道的，是被判定为无法被接纳的，于是，它们被压抑，或者说被放置于觉察范围之外。让我们举例解释一下无法被接纳的内容：一名年轻女性渴望得到所有人的爱、性关注和仰慕，渴望除掉所有竞争对手。监察者可能会认为这些愿望是社会规范无法接纳的。这种判断或许会让这名年轻女性压抑这些无法被接纳的愿望，或者说，把它们从意识中驱逐出去。但是，被压抑的愿望并没有被摧毁，反而留在无意识中，继续活跃地影响这名女性所有的心理生活和行为。换句话说，这名年轻女性可能已经压抑了自己无法接纳的愿望，但是，这些愿望仍然活跃着——每当无法被接纳的愿望被激起时，她就会感到极度焦虑，以至于惊慌失措。她甚至会避免让自己更吸引人的一切可能性，如穿衣打扮或美发美甲等。她虽然决心让自己显得过时，却不断纠结着其他女性是怎样展现女性魅力的。在后面的小节中，我们会更多地了解到，治疗师如何把患者无法接纳的愿望带进觉察范围中，从而帮助这名年轻女性减轻痛苦。

在地形学模型中，意识与前意识之间很少有动力性互动。实际上，我们之前已经说过，虽然前意识中的内容当前不处于觉察范围内，但是，如果加以注意，我们可以很轻松地把它们带进意识中。例如，前意识中可能包含了一些问题的答案，例如，"你的卧室有几扇窗户？"或者，举个与上文更相关的例子："你家附近的美甲店或美容院在哪里？"如果问上面那名年轻女性这些问题，她可以注意前意识中的内容，获取相关信息并做出正确的回答。但是，她却不知道为什么自己一想起做手部美容就会十分紧张。与她的焦虑有关的思维、感受和愿望是无意识的，或者说是被压抑的。

## 结构／过程

在心理地形学模型中，无意识、前意识和意识心理领域各有各的结构特点，每个领域也都有其特定的运作方式。我们之前已经知道了，只有无意识是由无法被接纳的愿望构成的。压抑把这些愿望与心理的其他部分分隔开来。另外，地形学模型认为，无意识的运作依循所谓的初级过程，即愿望力求即刻表达或得到满足，为此，它们不择手段，遵循快乐原则而不顾后果。因此，无意识无法进行社会判断，也无法考虑道德。弗洛伊德相信，在这一点上，初级过程可以解释无意识思维具有的怪异形式——毫不在意逻辑上的矛盾，运作时没有时间观念。初级过程也造成了这样的现象：无意识观念通常表现为高度个人化、怪异、具象的符号，而不是词语象征（symbolization）。视觉象征物（visual symbolism）在梦中尤其明显，这反映出初级过程占据了主导地位。初级过程所特有的组织过程包括：凝缩（condensation），它是单一的观念，能够代表许多与其有关的观念，并且这些观念之间的联系是个人化的、怪异的；移置（displacement），即某个观念可以代表另一个观念，并且这两个观念之间的联系也是个人化的，而且常常是象征性（symbolic）的。让我们举个例子来解释无法被接纳的愿望会怎样以初级过程的形式显现。上面提到的年轻女性（梦者）梦到了一个图像——她正在做手部美容，但装指甲油的瓶子中突然充满了鲜血。通过探索这名年轻女性的联想，我们发现，指甲油和手部美容似乎既体现了她想要"成为最有魅力的女人"的愿望,又体现了她想用残酷的攻击"除光"①所有竞争对手的愿望(可阅读第 6 章"梦的世界"进一步深入了解梦和梦的理论)。说到这里,我们就会发现,初级过程造成了多元决定(overdetermination)现象。多元决定现象常见于梦和症状中——单个观念或象征可能代表了许多观念。

前意识是理智所在的位置。换句话说,前意识的运作依循次级过程(secondary process)。而次级过程则遵循现实原则。前意识能够评判心理内容,监察那些不符合传统规范的、被评定为无法被接纳的内容;也能够评估外在现实、延迟满足,为了解决问题而规划行动。前意识的思维是由次级过程组织起来的。前意识符合逻辑、具有目标,以语言为基础。它们依赖于稳定的、约定俗成的,或者同种文化共有的语词意义,而不是初级过程中高度个人化的、怪异的、象征化的语言。

弗洛伊德假设,初级过程是最初的,或者说最早的心理运作模式。孩童会逐渐通过经验理解到,愿望本身不能带来满足,要想获得满足,就必须采取更高级的思维形式和行动。在此之后,次级过程就会逐渐发展出来。实际上,初级(primary)这个词在这里指的就是"心理发展中首先出现的"。但是,当代心理动力学理论家不再坚持这种观点。他们认为,这两种心理组织是同时发展的,不能把初级过程和不成熟的认知混淆。当代理论家也认为,编码经验的方式大概有很多种,这是认知心理学家最擅长研究的。

(有)意识心理的结构与前意识心理的结构是一样的。意识的运作也依循次级过程,使用我们都熟悉的逻辑过程。实际上,在大部分时间中,我们只会觉察到次级过程。我们已经习惯了有意识、有目的的思维。但是,当监察制度松懈下来,或者当无意识愿望、感受和思维明显占据了心理生活(如梦、白日梦、口误、孩童的游戏、艺术、诗歌、神经症症状以及任何情绪强烈的状态等)的时候,我们就能观察到初级过程进入有意识心理生活中。那

---

① 指甲油的英文为 nail polish,意为指甲上光剂,而 polish off 的意思是"除光",这里体现了初级过程的凝缩。——译者注

名十分焦虑、避免去美甲店的年轻女性的梦就体现了这一点。当她醒来时，她不会发现那些无法被自己接纳的愿望，只知道自己一想到提升外表（如手部护理、购物或护发等）就感到焦虑。

## 发展

最后，心理地形学模型还与发展性观点有关。我们已经了解到，无意识是由无法被接纳的愿望构成的。弗洛伊德相信，这些愿望中最重要的是性愿望。他也逐渐认识到，许多愿望可以追溯到婴儿期和童年期。我们会在第 7 章（"俄狄浦斯情结"）和第 9 章（"本我和超我"）中详细探讨什么是婴儿性欲（infantile sexuality）。随着孩童逐渐长大，习俗道德和社会环境将越来越无法容许他的童年期愿望，于是这些愿望便被压抑了。上文提到的年轻女性具有以自我为中心的、打败他人的愿望。对于一个小女孩来说，这种愿望是恰当的，但对于一个成年人而言则不然。虽然这名年轻女性的童年期愿望被压抑了，但它们并没有消失，反而在她的心理现实中继续活跃着。

孩童的监察功能逐渐发展，与此同时，其他的心理过程也获得了发展（见第 7 章"俄狄浦斯情结"和第 8 章"新装置、新概念：自我"）。当代心理动力学从业者知道，每个人都有无意识的心理。它在一定程度上是由初级过程控制的。即使到了成年期，无意识心理也依然继续活跃着。换句话说，地形学模型认为，从人生最初的日子开始，心理生活就被永远地、不变地分成了两个领域。它们一个位于另一个之上，被监察者分隔开来。心理的上面一层是现实导向的、合理的、受道德限制的理智区，响应社会的约束，而下面一层在某种程度上则是追求享乐的、无逻辑的、无道德的儿童愿望区，具有高度个人化的象征性表征。心理的上层部分掩盖着下层，但又无法完全控制下层。实际上，心理的这两个领域以一种动力性的关系彼此共存着，每个领域都对心理生活做出了独特的贡献。①

## 地形学模型能帮助我们理解什么

### 心理现实和主观体验

　　虽然心理地形学模型在很多方面是有缺陷的（见第 8 章 "新装置、新概念：自我"），但是，它能够帮助我们理解人类心理生活和行为的许多方面，不论是常态的还是病理性的。我们对内心愿望和恐惧的体验与我们对外部社会现实的体验相互作用。按照地形学模型的观点，所有体验都是无意识与前意识 / 意识心理领域持续互动的结果。实际上，弗洛伊德把无意识描述为一种心理现实。他认为，与外部现实相比，无意识对我们体验的影响力同样大，甚至可能更大。心理地形学模型可以帮助我们理解充满个人意义的私密世界。这个世界是独特的、个体化的，通常不那么理性，它构成了每位个体持续的主观体验。我们每个人都在主观世界中成长，内心体验与对外部现实的体验相互作用，无意识与意识彼此互动。过去的和现在的渴望、感受、恐惧、希望、预期、偏见和态度塑造着新经验，而新经验也反过来塑造着它们。主观体验的某些方面是普遍存在的，因为我们都是人，所以具有许多共同点。主观体验的其他方面又是十分独特的，因为我们每个人的成长历程和环境都是不同的。

---

① 在心理地形学模型建立后最初的那段时间里，弗洛伊德并不确定无意识中包含着什么。他谈到过被压抑的记忆 [ 回忆（reminiscences ）]、无法被接纳的思维 / 感受，以及愿望。后来，他开始发现，被压抑的愿望是童年期形成的，它们通常包含了性欲的成分。俄狄浦斯情结是弗洛伊德所假设的最著名的心理剧本之一。很多读者或许已经在上文的临床材料中对此有所觉察。它体现了弗洛伊德是如何看待被压抑的愿望的。俄狄浦斯情结十分著名，我会用整个第 7 章来阐述它，包括这一概念如何随着早期心理地形学模型的发展而发展，如今的心理动力学临床医生如何使用它。在本书的后续章节中，我们会看到，无意识心理运作中不仅包含了愿望，还包含了其他成分。我会探索这些成分，考察当代心理动力学从业者如何看待心理运作的方式。我也会特别关注在看起来的无意识中可能包含的内容。

## 转移 / 移情

无意识的愿望、希望和恐惧采取了多种伪装形式。它们规避监察者，形成了主观体验。因此，心理生活的每个方面都混合了无意识愿望和伪装。弗洛伊德在描述无意识愿望与伪装如何发生混合时，提出了转移（transference）这个概念。最初，转移是地形学模型的一部分。在任何心理状态下，无意识愿望都可能把自身的某些强度转移（或移置）到可以被接纳的前意识思维上。此处的无意识愿望与前意识思维之间也许有一定的象征性关联，或者联想上的关联。让我们再看一下之前提到的年轻女性：参加聚会时，她总是很喜欢帮闺蜜打扮，让闺蜜"看起来美丽动人"。这便是转移现象的一个例子。这位年轻女性移置了想"看上去富有魅力"的愿望，转而帮助闺蜜提升其外在形象。另外，我们都知道，有种临床现象是患者把对重要他人的强烈感受（通常源自患者的童年）转移到治疗师身上。例如，在心理治疗中，这名年轻女性仔细观察她的女治疗师，试图寻找治疗师想让她自己看上去美丽的蛛丝马迹。强度的转移就是这种临床现象背后的机制。读者在整本书中都会看到，在所有心理动力学治疗中，转移 / 移情现象都能帮助我们理解患者的无意识心理。到这里为止，读者知道了在心理地形学模型中，转移是个持续运作的过程。它联结了无意识系统中的愿望，以及前意识 / 意识系统中基于语言的思维。这解释了为什么所有体验都既受到无意识的影响，又受到意识的影响。

## 口误、玩笑和梦

之前，讨论初级过程和次级过程时，我们已经提到：每当监察者比较松懈的时候，我们就能观察到无意识对心理生活各方面的影响。实际上，新理论带来的可能性让弗洛伊德兴奋不已。他喜欢讲解地形学模型能如何帮助我们理解各种现象，以博自己和读者一乐。在《日常生活心理病理学》（*The Psychopathology of Everyday Life*）一书中，弗洛伊德解释了，当心理因为强烈的感受或疲劳而比较松懈时，口误和失误行为或动作倒错（parapraxes）如何暴露了无意识的心理生活。例如，一位委员会主席在公开会议上宣布，X先生将进入委员会，成为一个"愚秀"（而不是"优秀"）的会员。他的口误暴露了一个隐藏的、被禁止的观点——X先生既无趣又愚蠢。[1]类似的例子为，当某个政治候选人宣称自己"赞成反歧视、反仇恨和反犹太主义"时，他自然不可能指望赢得反诽谤联盟的支持。[2]此外，我们也可能在接下来的例子中看到动力性无意识的作用：一名年轻女性身穿艳丽、暴露的裙子，正要外出赴宴。门卫帮她打车时，她误以为他在喊"性感！性感！"[3]还有个例子是，有位年轻男性，与老板争吵后十分生气，把路标错误地看成了谋杀，但上面写的其实是梅德。[4]

弗洛伊德喜欢收录幽默的双关语和笑话。他也乐于展示笑话如何把被禁止的、无意识的观念带进之前无害的情景中，从而达成了想要的效果。例如，弗洛伊德最喜欢的笑话之一是："老婆就像一把伞；男人迟早都会乘出租车。"他分析了这句话，认为它之所以引人发笑，正是因为我们都知道，却不敢"大声公开说，婚姻不是打算满足男人性欲的一种安排"。

最后，正如之前所说，在梦的世界中，当监察者比较松懈或"玩忽职守"时，我们也能观察到无意识心理与前意识心理之间的互动。梦在地形学模型的发展过程中起到了核心作用。对于心理动力学治疗工作而言，梦也是十分重要的。因此，我会用整个第 6 章来谈这些现象的目的和意义。

[1] 此处口误的原文是 stupor，其发音与优秀的（super）相近。同时，stupor 的发音又是愚蠢（stupid）和无趣（boring）的结合。——译者注
[2] 反犹主义英文是 anti-semitism，候选人原本该表达的意思是支持犹太人。由于反歧视（anti-bias）、反仇恨（anti-hatred）都带有前缀 anti，他发生了口误，说成了反犹太主义。——译者注
[3] 性感的英文是 sexy，出租车是 taxi，两者发音有些接近。——译者注
[4] 谋杀的英文是 murder，梅德的原文是 Maeder，两者有些形似。——译者注

## 地形学模型对神经症概念的解释

心理地形学模型对心理病理学研究做出了持久的贡献。之前我说过，地形学模型假设，所有体验都是无意识和前意识成分的混合产物。因为，内在无意识体验会结合对外部和社会现实的体验，最终形成个体的主观经验。这既适用于病理心理现象，也适用于正常心理现象。实际上，我们要记住，弗洛伊德之所以提出了动力性无意识的概念，最初是因为他想理解人类的心理痛苦。因此，弗洛伊德及其追随者能够谈论，在癔症症状的形成过程中，无意识心理力量起到了什么样的作用。很快，他们也开始用动力性无意识理解其他类型的心理疾病。

地形学心理模型解释得最好的病理现象是神经症。神经症（neurosis）的定义是体现了无意识冲突的解决方法的、不灵活的、适应不良的任何行为。我们努力想满足无意识愿望，但这些愿望被评定为无法被接纳，因此，我们又努力压抑它们。所有人类的体验中都存在着这种持续的冲突。因此，对于神经症而言，愿望同样是被部分表达又部分隐藏的。但是，神经症与更一般的体验又有所不同——它的冲突解决方法是有代价的，会带来症状和痛苦。在精神病学领域，术语神经症被认为是模糊不清、范围过广的，而且是无法被实证予以证实的。1980 年，精神病学官方命名系统抛弃了神经症，采用了障碍（disorder）这种说法。术语障碍更容易用纯描述性的方法来定义，这是 DSM 系统所偏爱的。虽然神经症难以成为正式的精神疾病类目，但它仍然是心理动力学治疗中最重要的概念之一，因为所有心理动力学疗法都想帮助患者摆脱神经症的痛苦。读者在阅读本书的过程中会发现，随着心理模型的发展，心理病理学和神经症理论的内容也在不断增加。

神经症这个词并非来自精神分析，也非弗洛伊德首创。这个词的创造者是苏格兰医生威廉·卡伦（William Cullen）。18 世纪 70 年代，他开始用神经症命名神经系统的功能紊乱。这些功能紊乱虽然存在，但是，令患者痛苦的器官却没有明显的结构损伤。到 19 世纪，神经症涵盖了众多不同的疾病，甚至包括了许多现在被认为是神经系统病变造成的疾病，如癫痫和帕金森病等。当然，它也包括了癔症。当弗洛伊德写作大量关于癔症的文章时，他借用了神经症这个词，到了现在，心理动力学治疗语境之外的神经症已经没有什么意义了。最初，弗洛伊德用这个术语指代的是一种单纯的疾病分类。然而，在讨论他所说的防御性神经精神病（the neuropsychoses of defense，包括癔症、强迫性神经症、恐惧症，以及某些类型的偏执症）时，弗洛伊德很快就扩展、重新定义了神经症的概念。弗洛伊德认为，这些病症体现了被压抑内容的返回（the return of the repressed），也就是说，无法被接纳的观念伪装成症状的形式重新表现了出来。换句话说，弗洛伊德的观点在当时是十分激进的——神经症症状和日常体验的各方面没有不同，它们都受到了无意识愿望和社会现实的混合影响。但是，我们会发现，在神经症中，无法被接纳的愿望会伪装成症状"重新出现"，而在非病理性的体验中，无意识愿望和社会现实混合造成的困扰比较小。

让我们看几个例子，讨论一下地形学模型能如何帮助我们理解不同类型的神经症疾病。有位年轻的女性患有癔症性转换障碍。令她痛苦的症状是手臂麻痹，却查不出她有任何神经系统障碍。她的症状可能体现了她在无意识中想打自己的母亲（或者想自慰以满足被禁止的性渴望），但又害怕被禁止的无意识愿望显现出来。如果是这样，我们就会说，她的症状构成了神经症。这位女性既想攻击自己的母亲（或自慰），又感到无法接纳这种愿望。手臂麻痹的症状解决了这两者之间的冲突。

无意识冲突不仅会在神经症症状中得到表达，也会表现为令人困扰的神经症人格特质，如工作困难、恋爱关系困扰、有严重危害的生活模式，或者心境和自尊不稳定等。例如，一位自谦的年轻男性可能表现出胆小、顺从的性格特质。这个案例中的性格特质可能体现出这位男性害怕自己的无意识愿望——想攻击权威人物，所以他总是"收起拳头"。当探索结构模型（见第10章"冲突和折中"）时，我会回顾这位年轻男性，更深入地理解冲突在性格中的表达。之前我们曾提到过一名年轻女性，她时常感到焦虑，尤其是每当她想到美甲店时。我们在她身上会看到，伪装后的无法被接纳的无意识愿望既造成了症状（焦虑、回避），又造就了性格倾向（过度善良、掩盖性别特征）。

心理地形学模型能帮助我们了解的不只是内容，还有症状通常具有的奇特的表现形式。所有症状都是和梦一样的象征性表达。它们用初级过程的机制（如凝缩、移置和象征化等）来表现个人的、奇特的、被隐藏的思维和感受。其实，弗洛伊德最早的伟大发现之一就是，症状的组织方式与梦的组织方式是相似的。他使我们能像读文章一样地阅读症状和性格特质。在这些文章中，我们既可以看到患者的被禁止的无意识愿望的部分表达，又能看到其恐惧。那个手臂麻痹的年轻女性让我们发现，有些患者会用躯体的某些部分表达更复杂的思维。懂得了初级过程的"逻辑"，我们甚至能更好地理解许多精神病性患者的古怪、破裂的思维。虽然精神病性症状的主要成因是脑进程障碍，但是，我们可以这样看待它们：当次级过程被毁坏或严重破损时，初级过程便暴露了出来。例如，一位精神病性抑郁的年轻男性，艰难地抵挡着无法被接纳的愤怒。他可能会觉得自己的身体充满了"毒液"，或者自己的脑袋被"恶魔"占据了。另一位患有精神分裂症的年轻女性可能会花费大量的时间收集、食用"小锡片"，让自己觉得母亲近在身旁，因为她的母亲叫克里斯蒂娜。[1]

最后，动力性无意识概念帮助我们理解神经症病理的另一大贡献是：它使我们不仅可以理解症状、性格特质、问题模式的隐藏内容和复杂形式，还能够理解它们为什么如此难以改变。实际上，神经症的特点就是无法响应常理或当前现实的要求。这甚至可以说是神经症的定义的一部分。对那些深受神经症问题之苦的人来说，亲朋好友的建议、阅读自助书籍，甚至是最强大的意志力都无法缓解痛苦或者带来改变。了解了动力性无意识的性质，我们就能理解这种死板：被压抑的观念不只是隐藏在那里，它们还因为被压抑而

---

[1]　锡的英文是 tin，克里斯蒂娜的英文是 Christina，两者都包含了 tin 这三个字母。——译者注

获得新特点。换句话说，被压抑的观念、感受及动机与人格的剩余部分隔绝了。我们知道，在描述被压抑的无意识具有隔绝的特点时，弗洛伊德喜欢用考古学的隐喻。他提出，当压抑把无意识观念 / 愿望 / 感受与心理的其他部分隔绝开时，它们不会被现实中的新经验"磨损"，反而会永恒不变地继续存在，维持幼稚的、无视时间的、无视理性的特点。这就像古代文明的遗迹，它们被掩埋在地底深处，不会被风化剥蚀。

但是，与古代遗迹不同，被压抑的愿望和幻想并非静止不动，而是继续活跃在心理生活中。神经症患者一生中反复上演特定的剧本，却从未认识到这些剧本与无意识记忆或愿望之间的关系，而它们正是造成这种强迫性重复（repetition compulsion）的原因。例如，下面这位年轻的女性。当她还是小孩的时候，她的妹妹因为创伤性脑损伤去世了。她前来治疗的主诉是她感到自己的大脑死亡了。她虽然智力极高，但是，她已经很久无法充分运用自己的心智了。她也很容易受伤，尤其是遭受那些威胁到颅脑的事故。接受治疗时，这位年轻女性服用了单胺氧化酶抑制剂，却没有遵守低酪胺饮食要求，从而威胁到了自己的健康。虽然她意识不到自己的神经症模式与她对妹妹的记忆或感受有关，但揭露这种联系后，她的自我破坏的感受和行为最终得到了解决。

## 从地形学模型发展出心理动力学治疗

心理地形学模型的核心作用不仅体现在它能够让我们明白，人们如何形成了令人痛苦的症状或者固着的感受 / 行为方式，还体现在它能帮助我们理解心理动力学治疗是怎样缓解症状的。虽然现代心理动力学治疗的治疗作用概念不再认为探索无意识是治疗的唯一目的，但是，把无意识内容意识化的目标依然是大多数治疗的一部分。心理动力学治疗中使用的许多临床技术之所以被发展出来，就是为了把无意识心理内容带进意识觉察范围之内。我们已经看到，弗洛伊德希望，如果患者不再有意识地控制自己的思维过程，我们就能更容易地观察到其主观体验的无意识决定因素。因此，他发展出了自由联想技术。在心理动力学治疗中，治疗师仍然让患者"说出心里出现的任何东西"，尽可能坦率地谈话。患者和治疗师会一起工作，从患者思想及感受流动的顺序、模式和内容中推测无意识决定因素的性质，推测其避免参与探索的性质，以及其在此过程中体验到的或活现的移情。心理动力学治疗师们用阻抗（resistance）来描述这样的现象：患者出于无意识动机，主动避免了解自己的心理。无意识的愿望和感受寻求表达，患者却努力避免觉察到这些部分。探索阻抗可以让患者和治疗师直接了解到，令患者最痛苦的、挣扎的核心是什么，他又如何苦苦挣扎在上述两种不同的意向之间。我们也已经看到，弗洛伊德用移情/转移（transference）来描述下面的现象：在治疗师和患者的关系中自动重复了对他人的无意识感受/想法（他人通常是孩童时期的重要照料者）。这种重复是由无意识决定的。通过探索移情，我们可以考察，患者对重要他人有什么样的强烈情绪感受。探索阻抗和移情都发生在受控的心理治疗设置中。在心理治疗设置中，阻抗和移情现象在情绪上都是活跃的，但是，患者和治疗师又可以在一定程度上与它们保持距离，客观地观察它们。

在心理动力学治疗的语言中，诠释（interpretation）指的是清晰、明确地推断动力性无意识的运作方式。如果诠释推测的是被遗忘或压抑了的过去，那么它就会被称为重构（reconstruction）。通过诠释获得的、对无意识的了解被称为洞察（insight）。心理地形学模型认为，洞察对患者是有用的。因为愿望、感受、思维和记忆被带进意识中后，它们就变得遵从次级思维过程，而不是初级思维过程了。换句话说，进入意识中后，它们就开始遵从理性的评价和判断。面对内心需求，患者就更能选择如何行动，更不需要将无意识的剧本付诸行动，更少屈从于刻板的、模式化的行为倾向。虽然心理动力学治疗师们不再认为洞察是治疗中唯一的元素，甚至认为它有时也不是最重要的成分，但是，洞察可以让患者更多地觉察到影响其体验或选择的无意识因素，更好地掌控它们，或者更加了解自己的无意识障碍，从而成为自己想成为的那种人。因此，洞察依然是所有心理动力学治疗中的核心部分（我们会在下一节"意识的本质和功能"中更全面地讨论意识的价值。）

在上面的例子中，那位年轻女性的妹妹死于创伤性脑损伤。她和治疗师探索了她无法充分运用心智的主诉、她在会谈中交流的内容、她的梦以及各种回避的时刻。这些探索都有助于理解她对妹妹死亡的无意识记忆和感受。一开始，患者虽然回忆起了妹妹的疾病和死亡，但是，她没有觉察到自己对这些事的感受。她诉说自己觉得"大脑死亡了"，却没有把这些感受联系到她妹妹的脑损伤上。同时，她也常常谈到，那些寻求帮助或需要帮助的朋友让她觉得既愤怒又内疚。她还会梦到受伤的和垂死的人。探索所有这些感受、记忆和梦都加深了对患者的理解。但是，在这位年轻女性接受治疗的过程中，最重要的洞察来自探索移情。患者和治疗师因此能够理解她令人担惊受怕的行为——错误用药，以至于可能损害大脑。这就像一扇偌大的窗户，揭示了她的无意识感受——她无意识里觉得自己还与死去的妹妹联结在一起，而且对妹妹的受伤和死亡感到内疚和愤怒。当她的感受被带进觉察范围时，她便不再需要用自我破坏的症状和性格特质来表达这些感受了。

在之前的例子中，我们提到过一名焦虑的年轻女性。她躲避美甲店，每当想让自己变美丽的时候，她就会焦虑到恐慌。按照同样的方式，这名女性在心理动力学治疗中了解到，她的焦虑关联着被压抑的、无法被接纳的愿望——想攻击其他漂亮女性（最初是她的母亲）。这位年轻女性渐渐能够有意识地反思自己的愿望和恐惧，把它们整合进整体的心理生活中。在这之后，面对想变得更有魅力的愿望时，她便不再感到极度焦虑了。

## 意识的本质和功能

虽然对于如何准确定义意识，神经科学家和心理学家各执己见，但是，双方的定义中大多都包含了心理觉察这一性质。神经科学家定义的意识强调脑中枢的唤醒水平，而心理动力学治疗师定义的意识则强调经验的主观方面或自我觉察。在当代心理动力学治疗中，我们所使用的技术仍然包括了把无意识心理内容带进觉察范围之中。这么做是为了提升患者的能力，使患者在面对彼此冲突的意向时，能够选择自己行动的方式。按照这种实践来看，当患者意识到或觉察到自己的内心活动时，他们就能更好地调节、控制自己，更好地选择、判断应该如何感受和行动。那么，这种观点与其他心理科学的进展是一致的吗？

正如我们之前所说的，早期的心理学流派把心理等同于意识，与此相反，认知神经科学则快速描绘着无意识心理生活中看不见的领域。这幅地图里最先绘制的部分是发生在认知性无意识（cognitive unconscious）中的信息加工过程，然后，它继续涵盖了动机过程和意图过程。最近，它也涵盖了各种自我调控过程，如注意、元认知（自我监控）、工作记忆及之前认为受意识控制的其他过程。实际上，这幅快速扩张的无意识心理功能地图让我们禁不住思考："意识的作用是什么？"多年来，这个问题一直困扰着有思想的科学家们，其中也包括弗洛伊德。他曾提道："长久以来，我们都在寻找证据，证明意识具有某种生物功能。"

弗洛伊德认为，意识是"与动物相比，人类优越性"的一部分。他强烈反对意识不过是一种附带现象或者只是"反映完整心理过程的多余图画"这类观点。他提出，意识使更高级的心理过程成为可能。意识参与现实检验、判断、"节制且有目的的控制"，从而有助于自我调控。在弗洛伊德看来，把无意识意识化的理由是，如果这样做，"按最佳方法进行的谴责判断"便可以取代压抑。

在当代心理动力学治疗中，我们一直在探寻意识、注意、语言、整合及高级心理功能（如自我反思、自我监控、判断、自我控制和意志等）之间的关系。例如，舍夫林（Shevrin）认为，意识的作用是分类体验，用以决定心理事件应当被分类为知觉、感觉、梦、思维，还是记忆。意识因此把体验区分开来，帮助我们组织心理活动。他的观点也受到了布拉克尔（Brakel）的支持。奥兹（Olds）强调意识的反馈功能——感觉类的数据被重新象征性地表征，从而独立于它们的来源。按照奥兹的说法，在自我反思的意识中，自体和自体的活动会被表征，使个体能够进行内省。莱文（Levin）、罗森布拉特（Rosenblatt）和瑟克斯顿（Thickstun）也强调了类似的意识"返还机制"。他们认为，"返还机制"使许多复杂的功能得以发挥作用，如共情、洞察、客体关联性以及心理感受性（psychological mindedness）等。这使人类能够灵活地理解自己并做出决定。

认知神经科学的其他领域也不断研究意识的功能。近些年来，波斯纳（Posner）和罗特巴特（Rothbart）提出，自我调控的许多方面（如行使意志）是以各种意识成分（包括觉察、自我监控和执行注意）为基础的。巴奇（Bargh）提出了无意识自我调控的存在。他坚称，意识通过"组合"众多类型的体验，服务着更高的目的——整合与协调。研究者们所强调的意识的其他方面包括：语言提供的自我控制、记忆的再巩固、情绪调控、使用共同叙事，以及自我控制的许多其他方面。

总而言之，我们看到，心理动力学治疗重视意识觉察，这与心理科学其他领域中的进展是一致的。临床医生们发现，通过提升患者的自我觉察，他们的自我调控能力得以提高。这同样是许多研究者在实验室中的发现：提升后的意识确实可以让人们更好地选择如何生活，即使无意识元素也被认为变得更强大了。

## 本章总结与核心维度表

表 5-1 展示了地形学模型的核心维度，其中包括下面一些关键概念。

**地形学观点**：心理被分成意识、前意识和无意识领域。当人们注意到前意识心理的内容时，前意识心理可以变得有意识。但是，无意识心理不会因为简单的注意就变得有意识。压抑的力量阻止无意识心理进入意识之中。

**动机性观点**：无意识心理是由愿望构成的，它们持续地寻求表达。当愿望被评定为无法被接受时，意识 / 前意识心理具有压抑它们的能量。

**结构性观点**：初级过程是无意识心理的特点；次级过程是意识／前意识心理的特点。监察者的任务是判断愿望可否被接纳，它分隔了无意识心理和意识／前意识心理。

**发展性观点**：初级过程的发展先于次级过程。愿望源自童年，构成了婴儿性欲的基础。随着时间的推移，它们也越来越被评价为无法被接纳。与此同时，压抑的能力（如监察能力）也在增强。最终，成人的心理被永远分成了意识／前意识领域和无意识领域。

**心理病理学理论**：神经症指的是难以变通、适应不良的思维、情绪或行为模式。它的成因是意识／前意识领域与无意识领域之间的无意识冲突。神经症的特征是被压抑物的返回（已经被压抑了的、无法被接纳的愿望又以症状的形式重新出现），通常还有强迫性重复（倾向于重新上演特定的剧本，却觉察不到它们与被压抑的早年愿望或幻想之间的关系）。

**治疗作用理论**：心理动力学治疗的目标是，让患者更好地洞察无意识心理——"使无意识意识化"。通过自由联想技术（该技术操作的基本规则是，让患者尽可能坦率地面对治疗师，说出心中出现的一切），患者主观体验的无意识决定因素会逐渐浮出水面。然后，治疗师和患者会观察移情和阻抗，用它们拼凑出无意识心理的画面。治疗师也会运用诠释——明确、清晰地描述无意识心理。针对童年期的诠释被称为重构。

**表 5-1　地形学模型 1：心理地形图**

| 地形学 | 动机 | 结构/过程 | 发展 | 心理病理学 | 治疗 |
|---|---|---|---|---|---|
| ➤ 心理被分为三个领域：<br>■ 意识<br>■ 前意识<br>■ 无意识 | ➤ 总是在寻求表达的愿望构成了无意识心理<br>➤ 前意识/意识心理的压抑力量一直监察着无法被接纳的愿望 | ➤ 无意识的运作遵循初级过程；前意识/意识的运作遵循次级过程<br>➤ 监察者分隔了无意识心理与意识/前意识心理 | ➤ 初级过程是心理运作最早的模型；次级过程是随后发展出来的<br>➤ 愿望源自童年期，构成了婴儿性欲的基础<br>➤ 愿望变得越来越无法被接纳<br>➤ 监察能力逐渐增强 | ➤ 神经症的起因是意识/前意识领域与无意识领域之间的冲突<br>■ 被压抑物的返回<br>■ 强迫性重复 | ➤ 自由联想（"基本规则"）<br>➤ 考察移情和阻抗<br>➤ 诠释和重构产生了疗效<br>➤ 洞察（"使无意识意识化"） |

第 6 章

# 梦的世界

本章将解释在当代心理动力学治疗中，我们如何理解梦、利用梦。本章也会考察梦的理论是如何更新的，讨论来自邻近学科的梦的理论。本章介绍的新词汇包括：激活-合成理论、日间残余、梦、梦的工作、隐梦思维、显梦，以及自体状态的梦。

梦的定义为梦者睡着时发生的心理体验。它包含了梦者醒来时记得的意象、思维和感受。世界上任何地方的人都会做梦。有史以来，人们一直在探寻梦的意义。他们经常用梦来预言，或者为了宗教仪式而使用梦。在整个历史长河中，世界各地的文章和诗歌都体现出了梦的重要性。更近一些的时候，科学家们运用实证的方法来理解梦是如何被创造的，它们又意味着什么。

与此同时，心理治疗中的许多患者，尤其是心理动力学治疗中的许多患者，也在向他们的治疗师们报告着自己的梦。心理动力学治疗师与患者一同工作，为了更好地理解患者的心理生活，他们会一起探寻，而探索患者的梦境，就是其中的一部分。理解梦的方法有很多，包括人类学方法、社会学方法以及心理学其他分支所运用的方法。例如，我们知道，梦的状态是由脑生成的，主要产生于睡眠的快速眼动期（Rapid Eye Movement，缩写为 REM），也会出现在睡眠的其他阶段。与患者一起工作时，心理动力学治疗师可能会运用源自众多学科的众多模型来理解梦，但是，在治疗中，他们会采用精神分析的心理模型来帮助自己理解患者的梦的意义，探讨这些梦如何能够帮助他们了解患者的内心生活。

## 地形学模型、动力性无意识以及梦的精神分析理论

1900 年，弗洛伊德提出了心理的地形学模型。与此同时，他也提出了梦的第一个精神分析理论。我们已经了解到，弗洛伊德是怎样离开对癔症的探索，转而发展第一个正常心理模型的。在此过程中，他也离开了对神经症症状的探索，转而研究梦的正常现象。在《梦的解析》中，弗洛伊德讲述了自己的观察，即患者无一例外地会把梦嵌入自由联想中，他也因此对梦产生了兴趣。随着他逐渐沉浸到梦的解析中（探索他自己的梦，患者的梦，孩子的梦，亲人、朋友和同事的梦），弗洛伊德找到了支持动力性无意识概念的证据。确实，弗洛伊德因他下面的这句话而举世闻名："梦的解析是了解无意识心理活动的康庄大道。"虽然自《梦的解析》于 1900 年初次问世至今，梦的精神分析理论中的某些方面已经发生了变化，但是，该理论中的许多部分（包括使用的词汇、解梦的实践），仍与弗洛伊德的初期工作是类似的。

弗洛伊德的梦的理论主要涉及两个议题：梦的目的和梦的意义。对于当代从业者来说，第二个议题是最重要的。弗洛伊德认为，令人烦扰的感觉（如噪声和口渴等），或者精神专注物（既包括目前的担忧，如按时上班，也包括无法被接纳的无意识愿望）会干扰睡眠。梦的目的就是保护睡眠，使睡眠免受干扰。弗洛伊德提出，梦会借用一些方法处理这些令人烦扰的刺激，从而保护睡眠。例如，上班快迟到的人可能会梦见自己已经坐在了办公桌前，口渴的人可能会梦见喝水。弗洛伊德也认为，在梦中，精神专注物和无意识愿望会被表现为已经获得了满足，尽管是通过一种伪装的形式。他还指出，如果无意识愿望没有被充分伪装，它们就会引发焦虑，因此梦不再能保护睡眠，梦者就会醒来。而今，心理动力学治疗师们不再尝试解释梦的目的。他们知道，临床中获得的数据不足以回答以下问题："如何最好地理解人和其他动物的梦？如何理解做梦的目的？"实际上，在心理科学领域中，

这些问题存在激烈的争论。

虽然，当代心理动力学治疗师不再沿用弗洛伊德对梦的目的的看法，但是，他理解梦的意义的成果被延续了下来，而且至今仍被使用着。下面我们就会看到，精神分析理论如何解释梦的意义的运作方式。弗洛伊德用术语显梦来描述梦者清醒时能够回忆、讲述的梦。他知道，梦的外显内容是经常改变的，因为我们会在不同时间记起不同版本的梦。弗洛伊德区分了显梦和他所称的隐梦思维，或者说，梦所表达的潜在思维。最后，他用术语梦的工作来描述隐梦思维变形进入显梦的过程（该过程在梦者内心中进行）。

按照弗洛伊德的理论，在制造梦的过程中，隐梦思维通过联想，把自己附着在源自童年期的无意识愿望上。然而，这些隐藏的思维和童年期愿望，都是监察者无法接纳的。于是，它们再次通过联想，把自己附着在一些日间残余（day residue）或无害的意象和当前经历的事件上。这些日间残余、意象和事件随后出现在显梦中。换句话说，被禁止的无意识愿望的力量会被转移到可以被接纳的日间残余上，或者会被转移到一些日常生活中的有意识的经历上。在梦的形成过程中，这些日间残余和有意识的经历充当了象征符号。这样，为了避开监察者（监察者的任务是把无法被接纳的思维排除在觉察之外），隐梦思维就被变更或伪装了。我之前说到过，弗洛伊德认为，梦的结构类似于神经症症状的结构（弗洛伊德把神经症症状理解为一种斗争——无法被接纳的想法努力在意识中寻求表达，它们与压抑的力量之间产生了斗争）。

治疗师会把梦拆解为各个组成部分、意象或段落，让患者在各成分之间建立联系，从而解释患者的梦。与探索症状类似，患者对梦的各个部分的联想会为治疗师和患者提供一种方法，让他们可以解释梦的工作，发现躲藏在外显内容之下的隐梦思维。在此过程中（或者在此过程的某些变式中），治疗师和患者会揭示来自当前生活中的无法被接纳的思维，以及源自童年期众多发育阶段的思维。确实，如果患者和治疗师对任意一个梦工作足够长的时间，他们都能揭示十分早期的童年愿望。

在第 5 章（"心理地形图"）中，我们介绍了一名回避美甲店、有惊恐障碍的年轻女性。她报告了一个显梦：当她正要去美甲时，指甲油的瓶子里突然灌满了鲜血。她和治疗师探索了她对梦中意象的联想，发现了这样的隐梦思维——谋杀其他女人。在另一个例子中，一位接受心理治疗的未婚年轻女性报告了这样的显梦，梦中有个意象——一只塑料娃娃坐在书架最高的地方，她够不着。患者对梦的联想使她回忆起，昨天她和外甥女一起"玩了娃娃"。她自己也开始思考，她童年时的娃娃怎么样了。进一步的联想引发了这样的担忧：她需要感到自己"高于一切"（在最高的架子上），但这会让她一直单身下去。初次讲述梦境时，她最深的担忧并不是有意识的——在内心最深处，她担心自己也可能被"丢在架子上"。与她的姐姐不同，她可能永远不会结婚，不会有自己的孩子。娃娃的意象也呼应着童年期她被父亲对待时的感受。最后，患者感到娃娃"够不着"同样与以下的感受相对应：她的母亲在她四岁时去世了，她无法再次感受到母亲去世前的童年。在第 7 章（"俄狄浦斯情结"）中，我们会看到，这个梦如何揭示了童年早期的愿望和冲突的某些方面。

正如我们在例子中看到的，患者的梦（架子上的塑料娃娃）包含了来自日常生活的、无害的材料或日间残余。这些材料或日间残余象征着源自多个成长阶段的多层体验和思维。在这个例子中，无法被接纳的思维过于痛苦。当患者（和她的监察者）醒来时，抑制和防御机制阻止着无法被接纳的思维，不让它们进入意识。当患者睡着时，监察者放松了一些，我们就看到这些令人痛苦的（隐梦）思维大量渗透进意识中，虽然它们伪装成了梦的形式。

做梦时，心理生活的逻辑过程相对不活跃。在梦的特征——不同寻常的思维进程中，我们可以更容易地观察到初级过程。正如我们在第 5 章中看到的，初级过程包括凝缩、移置和象征化。例如，在与指甲油有关的梦中，我们发现，盛放指甲油的瓶子这个象征物展现了患者想要富有魅力的愿望，以及"除光"竞争者的愿望。在与架子上的娃娃有关的梦中，我们也看到，仅仅是一些意象，就体现了许多想法和愿望（凝缩）。我们看到，娃娃"被丢在架子上"体现了患者害怕自己不能结婚（移置），架子上的娃娃也展现了优越感和"高于一切"的感受。这两种情况都利用了具体的、图像化的娃娃意象（象征化）。

## 梦在当代心理动力学治疗中的用处

自弗洛伊德开始，大部分心理动力学治疗师都把梦视为一种重要的信息源——能够帮助我们了解无意识的心理生活。不过现在，我们对心理有了新的理解。弗洛伊德早期的梦理论是基于地形学模型的。当弗洛伊德改进这一模型后，他对梦的理论却从未更新，例如，他认为有个监察者位于无意识和前意识/意识之间，但是，这种观点已经被抛弃了（见本书第三部分）。另外，早期梦理论的大量内容基于弗洛伊德的"心理能量"观，但是，当代心理动力学治疗师大都认为，"心理能量"观有很大的缺陷。例如，在弗洛伊德的基于能量的理论中，只有愿望拥有足够的能量，才可以创造梦。所以，为了获取足够的能量来创造梦境，隐梦思维必须把自己附着在愿望上。弗洛伊德著名的论断也由此产生——"梦是愿望的满足"。当代，我们对梦的研究范围不断扩展。我们的工作不仅涉及探索无法被接纳的隐梦思维，还包括了探索梦中泄露的防御运作模型（也见本书的第三部分）。当代临床工作者也用梦来获取关于移情状态的信息。最后，在第12章考察自体心理学时，我们会看到，海因兹·科胡特提出，某些自体状态的梦并非基于无意识的婴儿愿望，而是在尝试掌控对自体的威胁。不过，上述各种观点都认为，睡着的患者警惕性更低，更容易觉察到心理生活的某些方面。因此，梦在心理动力学治疗中是十分有用的。

另一位患者的梦例阐述了梦在心理动力学治疗中是如何发挥作用的。一位"过度性压抑"的年轻女性难以找到伴侣。为此她前来接受治疗。在工作中，她是个十分成功的高管，但是，她从没交过男朋友。她说自己在童年期饱受创伤，在父母的手中受尽了躯体虐待。心理动力学治疗第二次会谈时，这位年轻的女士报告了下面的梦：当她"在炉子上搅动晚饭"时，"一头巨大的灰熊、一只凶猛的老虎和许多条蜿蜒的蛇"威胁着要闯进她的屋子。她一直"努力放松"，却在"极度恐惧"中惊醒。患者和治疗师共同探索了这个梦。经过较长一段时间，他们明白了，那些打扰、威胁患者的野生动物，象征着令人害怕的记忆和感受——小时候，患者的父亲和哥哥曾经虐待过她。治疗师现在探索这些感受，是在威胁着要"挑起事端"。①患者和治疗师对这个梦的工作贯穿了整个治疗过程，这可以帮助他们更好地理解这些重要议题。

## 弗洛伊德的《梦的解析》：为什么它如此重要

让我们先暂停一会儿，探讨一个许多读者都问过的问题：为什么弗洛伊德所著的《梦的解析》被认为是现代最重要的作品之一？大多数学生都听到过这种说法，却很少有学生知道为什么。《梦的解析》是在 1895 年到 1899 年间写成、于 1900 年出版的。在弗洛伊德看来，这是他最伟大的著作。确实，若干年后谈及这本书时，弗洛伊德说道："如此的洞察力会发生在许多人身上，但在一个人的一生中，只会发生一次。"那么，《梦的解析》讲了什么，令弗洛伊德如此自豪的洞察力又是什么？

《梦的解析》，正如其书名所言，也正如我们在本章中所探讨的那样，是一本以梦为主题的论著——关于梦的结构、功能和意义，但又远不止于此。从第一页起，弗洛伊德就向读者承诺，自己会写一些既有趣又可能引起震撼的内容。在确定题目时，弗洛伊德选择了一个读者熟悉的德语单词"Traumdeutung"，意思是"解梦"。这个单词之前指代的是生活在社会边缘的吉卜赛预言者对梦的解读。换句话说，弗洛伊德选择"Traumdeutung"这

---

① "搅动晚饭"的英文是 stirring her dinner，"挑起事端"的英文是 stirring up trouble，这里体现了梦的凝缩。——译者注

个题目，就是为了确保能挑战，甚至激怒那些科学主义者，引发他人的好奇。然后，弗洛伊德选择了一句诗作为题词，这句诗也是读者所熟悉的——如果我无法影响高处的力量，我就会转向冥界（Flectere si nequeo superos, Acheronta movebo）。弗洛伊德引用这句诗，同样是为了确保引发读者的好奇。这句话是女神朱诺在战场上的哭喊。她计划毁灭特洛伊战士埃涅阿斯，却没能求得朱庇特的帮助，因此十分受挫。在埃涅阿斯寻找新家园的途中，朱诺召唤了复仇三女神之一的阿勒克托和一群来自冥界的愤怒的妇女，帮助自己攻击这位年轻的英雄。在《梦的解析》的末尾，弗洛伊德巧妙地把这个古老而著名的诗句融入了书中的知识架构，展现了"被压抑的想法的命运"——即使被有意识的"高处的力量"驱逐进"冥界"，它们也不会消失，反而会找到新的力量，从而影响（甚至像弗洛伊德所暗示的那样——毁灭）我们的生活。通过使用这些话语，弗洛伊德向读者预示了自己即将讲述的故事。这一预示是激动人心且令人感到震撼的。他向读者保证，自己实际上将要"掀起地狱"。

《梦的解析》至少有三个子部分。这三个子部分相互作用，铺设成《梦的解析》的整个结构。它们彼此互动、相互呼应，贯穿了书中的七个章节。正如我们所看到的，书的第一个子部分是弗洛伊德创立的梦的理论——梦意味着什么，梦是为了什么，梦是怎样工作的？第二个子部分展现了弗洛伊德对正常人类心理运作中关于无意识的首个发展完全的理论——心理地形学模型。第三个子部分解析了弗洛伊德自己的梦，讲述了他自己如何长大成人，以及在成为一个男人的历程中，他是怎样挣扎在不安全感、自我怀疑和竞争中的。《梦的解析》的天才之处在于，弗洛伊德从一个子部分过渡到另一个子部分，又折返回来，以赋格曲的精妙形式，发展出各子部分间的关联，既高度个人化又范围广袤。这本书的风格既具文学性，又具科学性，其主题既具有高度的私密性，又具有普遍的适用性，作者关注的事物既具有世俗性又关乎人自身的存在性。这些都预示了使心理动力学治疗至今仍具有勃勃生机的巨大张力。因此，《梦的解析》被视为弗洛伊德的杰作也就不足为奇了。

## 梦的心理动力学理论与神经科学

　　长期以来，只有少数精神分析师采用了源自神经科学的技术，来研究梦的心理动力学观点。查尔斯·费舍尔（Charles Fisher）是其中一位。但是，神经科学和认知神经科学却对精神分析的梦理论提出了一些重要评论。其中最重要的是哈佛大学睡眠研究者约翰·阿兰·霍布森（John Allan Hobson）和罗伯特·W. 麦克卡尔里（Robert W. McCarley）的成果，他们发表了一系列关于梦的文章。霍布森和麦克卡尔里提出，REM 睡眠的成因是脑桥网状结构神经元的周期性激活，尤其是背侧巨细胞区的细胞。它们通过放电提供了感觉运动信息。这些信息激活了前脑。前脑综合了来自脑桥的随机感觉运动信息和存储在记忆中的信息，然后构建出梦。霍布森和麦克卡尔里把他们的理论称为"梦的激活-合成理论"。

　　霍布森在他的许多作品中指出，激活-合成理论可以解释梦的发生和典型特征，却很少或者说没有涉及梦的意义。然而，在其他发言中，霍布森挑战了关于梦的意义的理论，尤其是那些源于精神分析的理论。同时，霍布森和麦克卡尔里也批评了梦的理论的其他方面。例如，这些理论认为，梦之所以被患者"遗忘"，是因为它们揭露了不愉快的感受，从而产生了动机性遗忘或压抑。与此相反，霍布森和麦克卡尔里则认为，梦被遗忘的原因是 REM 睡眠期间神经递质比的变化，这影响了参与记忆的前脑神经元。长时记忆会被这些变化损害，但短时记忆会保持完好。因此，个体在实验室睡觉时，从 REM 睡眠中醒来后，即使梦的材料是高度情感负荷的，个体的回忆也往往比在家中第二天早上醒来更清晰。换句话说，霍布森和麦克卡尔里认为，我们之所以难以回忆梦境，是因为神经元的变化，而非压抑使然。

　　一些神经科学的研究结果与霍布森的结论互相矛盾。它们提出，梦是由前脑结构生成的，而前脑结构又与动机系统有关。这支持了弗洛伊德的观点——梦与满足愿望有关。其他研究者回顾了来自神经科学、认知心理学和临床情境的梦的实证证据，探讨了弗洛伊德学派和其他精神分析理论的众多复杂内涵。他们所探索的议题包括：不同类型的患者的梦（包括经历过创伤的患者），在治疗中如何利用梦，梦又是如何随着治疗的进展而发生改变的。

许多支持霍布森的结论的作者也指出，在理解梦的意义上，霍布森的发现与精神分析师们的发现应该是不矛盾的。这些作者认为，霍布森的理论和精神分析的理论体现了两组彼此独立的发现。它们源于不同的研究方法，强调梦的状态、做梦和梦境的不同方面。霍布森的理论探索了做梦状态的神经系统机制，而精神分析则探索了梦的意义。一个理论的发现应当力求与另一理论的发现一致，但是任何一个理论都不能用另一理论的术语来表示。换句话说，虽然为了发展完善的梦的理论，霍布森的神经科学发现十分重要，但是这些发现无法阐明梦是否具有意义，或者说梦的意义是什么。同样，霍布森和麦克卡尔里揭示了梦与记忆运作之间的关系。虽然这种知识很重要，但是它们无法阐明被心理因素影响的记忆成分。正如许多研究者都认为的那样，在发展出联结脑和心理的框架前，做出联系这两个领域的解释性或因果性声明时，我们必须谨慎。目前，脑和心理必须被视为两种不同的体制。每种体制都有自己特定的语言、概念化和抽象水平。

那么，我们该如何有效整合来自不同领域的发现呢？例如，通过理解做梦时发生的神经心理社会过程，我们可以把来自神经科学的理论与精神分析的理论联系起来；或者，运动麻痹或阴茎勃起，有时会被梦者用作象征性元素，协助表达重要的思维。一位理论家尝试把来自神经科学的理论与精神分析的理论联系起来，他写道："借用罗夏测验中相对随机的墨迹，我们可以做一个不太严谨的类比。患者会把意义投射到墨迹上，这些意义反映了患者的特定心理。既然脑桥放电大概比罗夏墨迹更随机，那么患者应该能更自由地投射自己的心理冲突。"

## 探索梦的意义

我们要用正确的方法探索梦的意义和动机性遗忘。这些方法必须处于心理学，而非神经科学的范畴内。源自临床情境的数据是这类心理学数据的重要来源。其他心理学方法，包括那些使用电脑和"数据挖掘"的技术，也适合研究梦的意义。例如，按照国际梦研究协会成员凯利·伯尔克里（Kelly Bulkeley）（霍布森也是这个组织的成员）所言，很多年来，研究者们一直在用量化分析方法研究梦的内容。伯尔克里与圣克鲁斯加利福尼亚大学的心理学家 G. 威廉姆·杜姆霍夫（G. William Domhoff）共同合作，描述了一种被他称为"匿情分析"的技术。这种技术可以利用数字技术的优势，探索梦中重复发生的模式。正如伯尔克里所写的那样，一些研究的发现提供了充足的证据，证明梦不是无意义的"噪声"，而是一种一贯的、复杂的心理运作模式。

伯尔克里和其他作者经常在《梦》（*Dreaming*）这个期刊上发表文章。这个期刊的文章基于许多观点探索梦的内容，包括做梦的神经科学机制，梦和噩梦的意义，梦与创伤、应对及压力之间的关系。这些只是其重要主题中的一部分。实际上，伯尔克里曾继续写道："世界上存在着各种各样的文化传统，如美国印第安人寻求幻觉的仪式，某些宗教信徒用 istikara①来引发做梦。它们增强了人们对梦的觉知，使人们从梦中获得了洞察。现代研究者可以从这类实践中学习，把它们与今天的技术结合起来，用新方法达成远古的追求。"伯尔克里以及许多其他研究者使用的技术都支持心理动力学治疗的看法——梦是有意义的，研究梦的意义可以很好地帮助我们探索心理生活。

## 本章总结和核心维度表

表 6-1 展示了地形学模型的核心维度表。在结构 / 过程和治疗的栏目下增加了一些核心概念。

**地形学观点**：梦既是意识 / 前意识的，又是无意识的。显梦是有意识的，

---

① istikara 是一种草药——译者注

隐梦思维是无意识的。

**动机性观点**：在睡梦中，隐梦思维与童年愿望相结合，寻求表达。即使睡着了，压抑的力量仍然在运作。

**结构性观点**：在造梦的过程中，隐梦思维与童年愿望相联系，通过联想把自己附着在日间残余上（无害的意象和当前经历的事件）。日间残余随后出现在显梦里。监察者的任务是把无法被接纳的想法驱逐出觉察范围。为了躲避监察者，通过上面的方法，隐梦思维会被变更或伪装。

**治疗作用理论**：几乎所有的心理动力学治疗都包含对梦的探索。

**表 6-1 地形学模型 2：梦的世界**

| 地形学 | 动机 | 结构/过程 | 发展 | 心理病理学 | 治疗 |
|---|---|---|---|---|---|
| ➤心理被分为三个领域：<br>▪意识<br>▪前意识<br>▪无意识 | ➤总是在寻求表达的愿望构成了无意识心理<br>➤前意识/意识心理的压抑力量一直监察着无法被接纳的愿望 | ➤无意识的运作依循初级过程；前意识/意识的运作依循次级过程<br>➤监察者分隔了无意识心理和意识/前意识心理<br>➤梦 | ➤初级过程是心理运作最早的模型；次级过程是随后发展出来的<br>➤愿望源自童年期，构成了婴儿性欲的基础<br>➤愿望变得越来越无法被接纳<br>➤监察能力逐渐增强 | ➤神经症的起因是意识/前意识领域与无意识领域之间的冲突<br>▪被压抑物的返回<br>▪强迫性重复 | ➤自由联想（"基本规则"）<br>➤考察移情和阻抗<br>➤诠释和重构产生了疗效<br>➤洞察（"使无意识意识化"）<br>➤探索梦 |

第 6 章　梦的世界

091 /

# 第 7 章
# 俄狄浦斯情结

本章将解释俄狄浦斯情结的意义，探讨与俄狄浦斯情结有关的概念，既涵盖了过去的理论，也涉及当代的理论。最后，本章罗列了一些来自发展心理学和其他邻近学科的研究。这些研究证明我们的概念是正确的。本章介绍的新词汇包括：*阉割焦虑、情结、幻想、内化的同性恋恐惧、心理的叙述性结构、反向俄狄浦斯情结、俄狄浦斯胜利者、俄狄浦斯情结、阴茎嫉妒、正向俄狄浦斯情结、前俄狄浦斯阶段、原初情景、原初女性观，以及诱惑假说。*

俄狄浦斯情结包括了一系列的感受和想法。在与父母之间的三角关系中，我们都对自身的角色有着这些想法和感受。当我们还是孩子（3～6岁）时，俄狄浦斯情结开始出现。它包括了想与父/母中的一方建立情爱联结的愿望，以及想摆脱与自己竞争的另一方母/父的愿望。俄狄浦斯期的儿童渴望着父/母中的一方，想让其偏爱自己，又害怕与自己竞争的另一方母/父的报复。于是，儿童产生了一连串复杂的感受，包括爱与恨、渴望和嫉妒、失望与希望、竞争和恐惧。这一连串感受形成一种心理模板，它在我们以后的人生中一直存在且影响我们所做的一切。因为俄狄浦斯情结是在儿童的体验中被发现的，所以，它包含了许多不合逻辑的、幻想性质的想法和感受。随着儿童的成长，压抑开始发挥作用，我们对俄狄浦斯情结也变得越来越无意识。然而，俄狄浦斯情结是普遍存在的。它持续影响我们所有人的心理生活，不论是男是女，年轻还是年老。

当弗洛伊德正在发展他对癔症的最初理论和心理地形学模型时，他首次构想出了俄狄浦斯情结。受父亲死亡（1896 年）的激发，弗洛伊德进行了自我分析。从他的自我分析以及他治疗患者的过程中，弗洛伊德发现了俄狄浦斯情结。在《梦的解析》这本书中，他第一次以书面的形式解释了这一系列感受的重要性。

俄狄浦斯情结表明，弗洛伊德开始进军精神分析心理模型发展过程中的几个重要领域。在第 1 章（"概述：为心理生活建立模型"）中，我曾提到过这些领域中的部分内容。它们在当代心理科学中也是十分重要的。

1. 俄狄浦斯情结体现了弗洛伊德的首个发展完备的有关无意识内容的观点。在第 3 章中，我深入论述了动力性无意识的概念，探索了这个概念的起源、它在心理中的作用，以及它如何参与形成了症状和梦。但是，除了一些宽泛的说法（如"无法被接纳的性愿望，通常源自童年"）以外，我们没有更深入地讨论无意识愿望、思维和感受。

2. 俄狄浦斯情结表明弗洛伊德的理论发生了转变：从强调心理事件的外部成因，转向强调内部的心理动机。例如，正如我们在第 4 章（"精神分析心理模型的核心维度"）中提到的那样，弗洛伊德最初的癔症理论是基于诱惑假说的。诱惑假说认为，照料者对孩童做出的性引诱（或虐待）对孩童造成了过度刺激或者引发了后续的疾病。精神分析诞生过程中最重大的事件之一就是弗洛伊德抛弃了诱惑假说，转而支持一种新理论：强调正常孩童的内部心理生活，认为内部心理生活是刺激（正常发展）或过度刺激（癔症）的根源。在精神分析心理模型的发展过程中，俄狄浦斯情结取代了诱惑假说。

3. 俄狄浦斯情结展现出，弗洛伊德首次尝试细致地描述孩童的心理生活如何继续存在于成人的内心世界中。之前，我们只提到过弗洛伊德坚称这一点，对其他内容还知之甚少。童年期，我们会面对一些普遍的问题，它们会永远影响我们的心理生活。俄狄浦斯情结就是这些问题中第一个被发现的（见本章后面部分的"俄狄浦斯情结的普遍性"一节）。

4.弗洛伊德重视身体和性欲的重要性，俄狄浦斯情结包含了他在这方面的一些初步想法。这让他随后描述了心理性欲发展中的口欲期和肛欲期、驱力以及力比多（见第9章"本我和超我"）。

5.弗洛伊德认为，在心理生活的发展过程中，早年照料者是十分重要的。俄狄浦斯情结包含了他对此的一些初步构想。

6.俄狄浦斯情结展现出，弗洛伊德首次完整地描述了心理的叙事能力。在本章的后面部分，我将论述精神分析心理模型在这方面的重要性。

## 弗洛伊德的理论：术语和概念

在开始讨论俄狄浦斯情结前，我们首先可以更详细地描述弗洛伊德提出的一些术语和概念。因为，弗洛伊德的很多构想与他对俄狄浦斯情结的观点是密切相关的，所以，我们最好把这些术语和概念放在一起进行讲解。我们将会继续讨论，有哪些观点仍然是重要的，又有哪些已经被更新了。

索福克勒斯（Sophocles）的戏剧《俄狄浦斯王》（Oedipus Rex）讲述了俄狄浦斯的神话故事。弗洛伊德用该神话命名了俄狄浦斯情结。他认为，《俄狄浦斯王》之所以有这么强大的影响力，是因为我们都共情了俄狄浦斯的悲惨命运——他徒劳无功地挣扎，最后还是意外地杀死父亲，娶了母亲。在弗洛伊德看来，这种命运是不可避免的，因为，俄狄浦斯上演的是我们童年期都曾有过的愿望。虽然俄狄浦斯是神话里的一位男性英雄，但是，弗洛伊德所使用的俄狄浦斯情结既包括男性，也包括女性。

弗洛伊德从他的朋友兼同事卡尔·古斯塔夫·荣格（Carl Gustav Jung，1875—1961）那里借用了"情结"（complex）这个词。荣格用这个术语指代一系列彼此关联的无意识感受和观念，它们构成了心理中的网络或模板。荣格在字词联想实验中使用了情结这个词。他让被试对刺激词进行回应，说出心中出现的词语，以此揭示情结的组织方式。1910年，弗洛伊德与荣格决裂后便停止使用情结这个词。但是，俄狄浦斯情结的说法太著名，所以被保留了下来。因为俄狄浦斯情结包含了许多彼此矛盾的想法和感受（如愿望和恐惧），所以，当我们谈论俄狄浦斯情结对心理生活的影响时，我们通常会把它说成"俄狄浦斯冲突"。

虽然弗洛伊德坚称，俄狄浦斯情结具有普遍性，在男孩和女孩身上都会出现，但是他也思考了很多两性之间的差异，其中包括两种性别的个体分别如何顺利度过俄狄浦斯期。在弗洛伊德看来，不论性别如何，处于前俄狄浦斯期的孩童几乎总是喜爱、依恋母亲。对于小男孩来说，当他进入俄狄浦斯期时，这种依恋会变得更浪漫且带有性欲，从而发展成完全的俄狄浦斯情结。这之后，俄狄浦斯期的男孩会陷入弗洛伊德所说的阉割焦虑（castration anxiety）中（见下文），害怕真实或想象中的对阴茎的威胁。于是，他会放弃对母亲的性 / 情爱渴望。在此过程中，他也发展出了道德感。此后的日子里，道德感会告诉他应该如何表现。

刚进入俄狄浦斯阶段时，小女孩也依恋着母亲。但是，她们的情况与男孩大不相同。女孩会认识到男女之间的性器官差异，产生失望的感受，发展出弗洛伊德所说的阴茎嫉妒（penis envy）。在弗洛伊德看来，小女孩会因为自己没有阴茎而责备母亲。父亲有她所渴望、仰慕的器官，因此，她会转而爱恋父亲。通过这种方式，小女孩把爱的客体由母亲换成了父亲，从而出现了完全的俄狄浦斯情结。但是，弗洛伊德认为，与男孩相比，促使女孩放弃俄狄浦斯奋争的动力是不太完整的，因为她觉得自己已经被阉割了，所以没有那么害怕。她的俄狄浦斯愿望从来没有被完全压抑，而且，她的道德感也从未充分形成。此处，我们第一次看到了弗洛伊德臭名昭著的女性观。有人认为，他对女性的看法是严重错误的。弗洛伊德很快便因此陷入了困境（"城门失火，殃及池鱼"，精神分析中的很多理论也遭受了同样的命运）。

弗洛伊德对俄狄浦斯情结的观点也涉及他如何看待性取向的形成，尤其是同性恋。当谈论对异性父 / 母的性愿望，对同性父 / 母的恨和恐惧时，他使用了术语正向俄狄浦斯情结（positive oedipus complex）。当谈论对同性父 / 母的性渴望，对异性父母的恨和恐惧时，他使用了术语反向俄狄浦斯情结

（negative oedipus complex）。在弗洛伊德看来，他所说的先天双性恋（innate bisexuality）影响着孩童的性渴望和情爱渴望的发展。因为人们先天是双性恋，所以，正向俄狄浦斯情结和反向俄狄浦斯情结一直是共存的，孩子对父母双方都有矛盾的感受。但是，大多数情况下，正向俄狄浦斯情结或反向俄狄浦斯情结总会胜出，孩子总会偏爱父母中的一个。胜出的情结对应着成人的性取向。弗洛伊德认为，性取向是不可改变的。虽然它的起因是个体在早期发展阶段的固着（见第9章"本我和超我"），但它不是病理性的。

虽然我们知道，俄狄浦斯情结是普遍存在的，它给我们所有人的心理留下了持久的印记，但是，我们很少发现成年人会有意识地觉察到自己对某位父/母具有情爱和性欲，不管他多爱那位父/母。这是因为压抑开始起作用后，俄狄浦斯情结变得越来越无意识了。一些因素把俄狄浦斯感受从觉察范围内驱逐了出去。例如，个体害怕与自己竞争的父/母报复自己，这种报复被体验为一种躯体伤害的威胁，弗洛伊德称之为"阉割焦虑"（两种性别都是）；也害怕失去父/母的爱，被他们抛弃；还害怕内疚感。随着孩童逐渐长大，对内疚感的恐惧会变得越来越重要。

在压抑的过程中，俄狄浦斯情结留下了无意识愿望和无意识恐惧。它也留下了一个新的心理结构，弗洛伊德称之为"超我"。父/母会限制孩子的俄狄浦斯奋争。孩童内化了父/母的这些禁忌，从而形成了超我（见第9章"本我和超我"）。正是这个新产生的超我，或者叫道德感，带来了内疚感。最后，孩子会开始模仿自己的父母，不再试图满足自己对父母情爱依恋的愿望。这时，俄狄浦斯情结对自体意象进行了重要的修改，或者说个体进行了认同（identification）（见本书第三部分和第四部分）。

## 俄狄浦斯情结对地形学模型的贡献

按照经典精神分析的思维方式，俄狄浦斯情结是所有神经症的主要成因。而今，这种观点已经不再常见，因为当代心理动力学临床工作者了解到，源自各种早年发展阶段的众多冲突都会给成人的心理留下持久的印记。但是，俄狄浦斯情结依然十分重要，因为它确实造成了成年期的许多心理痛苦。换句话说，许多成年患者的神经症挣扎和抑制都可以追溯到俄狄浦斯恐惧和愿望的持续冲突。

例如，一位中年男性前来治疗，他在很多方面都难以发挥主动性。在工作和其他活动中，他反复地失败。在婚姻中，他过度服从自己的妻子，偶尔才与她发生性关系。治疗中浮现出的情境是，当患者还是个小男孩时，他害怕暴躁、跋扈的父亲报复自己。当时还是个男孩的他对母亲有情爱的渴望。他觉得（在某种程度上可能是正确的），父亲的欺压是对这种渴望的惩罚。这个男孩需要平息父亲的怒火。所以，他开始害怕、回避各种享乐活动，让自己活在枯燥和沉闷中。这样，他不仅平息了父亲（以及所有掌权者）的愤怒，也减少了自己对母亲（以及所有他渴望的女性）的吸引力。

让我们再举一个例子。一位快四十岁的女性前来治疗，她担心自己永远都找不到丈夫了。她曾多次与已婚男性发生关系，却无法找到一个属于自己的男人。治疗中浮现出的情境是，当她还是个小女孩的时候，她觉得（这种感觉可能是准确的）疏远、冷漠的父亲不会回应她的爱。于是，她学会了把情爱注意力浪费在得不到的男人身上，徒劳地想要获得她没能从父亲那里获得的东西。最后，我举的例子是第 5 章（"心理地形图"）中描述过的年轻女性。她有惊恐发作，回避一切让自己看起来更吸引人的可能性，因为这会让她想起希望除掉母亲（以及所有其他女性）的俄狄浦斯奋争。

在当代心理动力学治疗中，探索、应对俄狄浦斯冲突一直是重点。治疗师们会在以下这些方面寻找俄狄浦斯冲突造成的持久影响：患者选择爱谁；他对待性欲和各种享乐的态度；患者自体意象的各个方面，尤其是那些与性别有关的方面；患者对待道德规范的态度（是过于严格还是过于宽松）；患者的主动性、好奇心、对成功的追求；患者对待竞争的态度；以及各种类型的恐惧，特别是那些与躯体伤害有关的恐惧。

人的一生中，有很多事情会激发俄狄浦斯感受和冲突。我们必须一次又一次地修通这些感受和冲突。在第 6 章（"梦的世界"）里，我们曾举过一个例子：一位年轻女性梦见了架子上的娃娃。在成年早期，她满足于专注在事业上，看起来对男性毫无兴趣。然而，当她的姐姐结婚生子后，这件事激发了她的嫉妒，她也想有个丈夫，生个自己的孩子。她担心这些愿望永远不会成真，于是前来治疗。随着心理动力学治疗的逐渐深入，患者开始清晰地看到：在她四岁的时候，母亲意外死亡。当时，她正处于俄狄浦斯期的顶峰。这件事让她从觉知范围中驱逐出了她情爱愿望的早年版本。对于母亲的死亡，她感到极度的丧失和悲伤。她努力"超越一切"，试图以此控制自己的感受。更糟糕的是，虽然她的母亲死于快速增生的恶性肿瘤，但是，在想象中，她认为是自己的俄狄浦斯竞争感造成了母亲的死亡。这个小女孩感到自己战胜了母亲［常被称为俄狄浦斯胜利者（oedipal victor）］。她觉得她应该因为自己的竞争罪过受到惩罚，而她惩罚自己的方式就是，对所有的"女性爱好"失去乐趣。她专注于变成一个优秀、勤奋的女孩，不再给任何人带来麻烦，只关心自己的事业。她对塑料娃娃的感受有很多源头。这些源头包括她被压抑的愿望（想有一个自己的孩子）；她对即将死亡的母亲的躯体的想法；她自己哀悼的感受，其特点是感到了无生机，觉得自己不真实；以及她与父亲之间遥远的、死气沉沉的关系。母亲死后，她和父亲都需要远离对方，这使他们之间的关系进一步恶化了。换句话说，母亲死去时，俄狄浦斯感受使她很难探索自己的哀伤。在本书的后面部分，当我谈到"除俄狄浦斯以外的其他冲突也会持续影响心理"时，我会再次引用这位患者的例子。

## 俄狄浦斯情结的新进展

### 儿童的心理发展

现在，让我们看一看，在当代心理动力学理论中，俄狄浦斯情结和有关概念发生了怎样的变化。这些改变都表明了理论和实践上的进步。首先，当代发展心理学家运用更宽广的视角来看待儿童的俄狄浦斯期。他们考虑了发展的许多方面，而不仅仅是新渴望和新恐惧的出现。其中有许多方面涉及儿童的认知成熟。它们强调儿童下述能力的增强：自我调控、问题解决、现实检验、心理理论、语言、情景记忆、象征化、自言自语，以及叙述和幻想。在心理结构模型的框架下，当我们讨论自我这一概念时（见第 8 章"新装置、新概念：自我"），我们将会看到，这些众多的功能被统称为"自我功能"（ego function）。

所有这些发展中的能力都可能卷入俄狄浦斯冲突中，受到俄狄浦斯冲突的影响。因此，心理动力学治疗师们常常认为，这其中任何能力上的抑制和困难都可能与持续的俄狄浦斯冲突有关。例如，有位饱受俄狄浦斯冲突之苦的女性可能表现得十分慌张、困惑，完全不了解周围每个人都觉得显而易见的许多东西。这与她的高智商是不相称的。通过探索，我们可能会发现，她的困惑与恐惧有关——她害怕知道太多"生活的真相"[①]，因为她害怕这种知识会激起俄狄浦斯感受。

俄狄浦斯期的儿童会面对新愿望、新恐惧的挑战。这些新愿望、新恐惧涉及躯体和情爱关系、道德、性别、爱与恨。然而，发展心理学家告诉我们，儿童也会发展出新能力来应对这些挑战。例如，我们看到，俄狄浦斯期的男孩和女孩喜欢讲故事。这些故事常常涉及他们如何奋斗挣扎，从而接受并适应新的情境。他们的话语变得更复杂；他们变得更富有好奇心，与他人一起玩假想游戏；而且，他们也开始喜爱童话故事。在本章的最后，我们会看到，这也许就是为什么弗洛伊德用一直以来最有名的故事之一命名了俄狄浦斯情结。

最后，重要的是，我们要记住，虽然处于俄狄浦斯期的儿童的心理正在变得更加成熟，但是，它依然没有发展得足够成熟，而是依旧十分幼稚的。处于俄狄浦斯期的儿童的思维特点是具象化的认知，他们区分现实和幻

---

① "生活的真相"原文是"facts of life"，在英语中也指"性知识"，尤其是对儿童而言。——译者注

想的能力还发展得很不成熟。弗洛伊德自己已经知道，儿童的心理影响着俄狄浦斯期的想法和感受。他记录了儿童的许多白日梦，这些白日梦涉及父母之间的性活动［或者按弗洛伊德的说法，叫作"原初情境"（the primal scene）］。原初情境白日梦是一些普遍存在的剧本（既有真实的成分，也有想象的成分），它们描绘了父母卧室里发生的事情。原初情境白日梦的一个例子是，孩子们通常觉得父母正在进行一些暴力的活动。弗洛伊德也描述了儿童如何看待"小宝宝从哪里来"这个问题。他们的看法通常包括，怀孕是因为吃了什么东西，分娩要通过肛门。最后，弗洛伊德强调，阉割焦虑不一定缘于儿童的性器官受到的真实威胁。大多数情况下，它是儿童原始心理生活的产物——儿童幻想可怕的事情将会发生，而且，这通常是因为他们"做了坏事"。另外，阴茎嫉妒的起因是，小女孩觉察到性别差异后，做出了幼稚的反应——她可能幻想自己缺少了某个重要的东西，或者因为做了什么错事，自己被"阉割"了。

正如我之前提到的那样，成人心中的俄狄浦斯情结带有儿童认知不成熟的印记。换句话说，俄狄浦斯愿望不仅维持着儿童期留下的强度，其组织方式也反映了儿童的心理。例如，之前我们提到的那位年轻男性，他具有持续的俄狄浦斯冲突，强烈害怕任何主动性会招致的报复。这些恐惧明显超出了他在当前情境中遇到的真实危险。对这种强烈恐惧的一个解释是，它们反映了正常儿童都会遭受的恐惧折磨。同样的还有上文提到的年轻女性（梦见架子上的娃娃）。虽然她的母亲已经去世多年，她也已经是成年人了，但她还是幻想母亲会不认可她，或者惩罚她。另一位年轻女性前来治疗，是因为她十分喜欢与男性发生危险、暴力的性关系。患者在治疗中发现，当她还是孩子的时候，她幻想性爱可能会涉及暴力。因此，她混淆了父母之间的频繁打斗和性爱。在她的想象中，性爱是野蛮、危险的。她也强烈地感到被父母排除在外，所以想要"付诸实践"。

**影响俄狄浦斯情境的其他事件**

除了进一步强调儿童的认知发展以外，当代理论家们也更加了解到，成年患者心理中可能存在许多其他问题，它们会加剧俄狄浦斯情结的痛苦体验，或者使俄狄浦斯情结变得更加复杂。首先，当代理论家们准确地认识到，进入俄狄浦斯期之前的人生阶段会影响每位患者如何解决俄狄浦斯挑战。在进入俄狄浦斯期时，每个孩子都已经有了许多重要的经历。它们会影响孩子对父母的依恋感、对自身的感受以及对躯体体验的态度，而且，每个孩子都已经有了相当多的愉悦、痛苦、恐惧和焦虑感。从出生到俄狄浦斯期出现的这段时间被称为"前俄狄浦斯阶段"( preoedipal stage )。在第 11 章"客体关系理论"中，我会更深入地论述前俄狄浦斯期。其次，当代心理动力学治疗师更容易觉察到父母的反应对儿童俄狄浦斯愿望的影响。例如，一位患者在俄狄浦斯期显现出了竞争行为，父母接纳了其奋争，还感到很有意思，而另一位成年人，其父母被挑战时会变得愤怒、意图报复。他们之间的差别肯定是巨大的。最后，当代实践者也认识到了其他因素的重要性，如收养、同性恋父母、单亲家庭父母一方死亡、离婚以及其他非典型情况。例如，一位被收养的年轻男性，在他长大成人的过程中，如果有任何过失（包括源于俄狄浦斯期的过错），都会让他强烈地害怕被遗弃。当代心理动力学治疗师们同样认识到，文化态度会影响情爱、性欲、道德、性别角色以及许多其他重要问题。

**重新考虑性别发展和同性恋**

在前文中，我提到了弗洛伊德对性别发展和同性恋的看法。当代理论家和实践者对此有十分不同的观点。完整谈论这些重要议题将使我们离题甚远，但我还是会在这里简单谈论一下。因为，正如我们所说过的，我们无法简单地把弗洛伊德对这些主题的著名观点从他对俄狄浦斯情结的看法中分离出去，而且，精神分析理论创造者犯过的最大错误之一，就是关于性别发展和同性恋的理论。这些理论曾被广泛相信、应用了长达几十年，造成了心理动力学治疗中许多女性和同性恋群体的极大痛苦。

从弗洛伊德对俄狄浦斯情结的看法中，我们可以发现他的女性观的苗头：（1）女性通常困扰于残留的阴茎嫉妒（如自恋）；（2）她们的女性身份构成通常是对卑劣感的反应（如受虐）；（3）她们从未真正放弃俄狄浦斯奋争，没有形成完善的道德感（如不成熟，容易被引入歧途）。确实，很多人都知道，弗洛伊德认为小女孩是小男孩的次等版本，或者说是"被阉割了"的版本。这些观点的实际运用给接受治疗的许多女性带来了灾难性的后果。实际上，在治疗中，许多女性曾被迫觉得她们的雄心壮志是"非女性的"。病理性受虐和自恋曾被看作是正常的，而没有得到应得的治疗。许多女性深受其苦的内疚感也很少被理解。

虽然弗洛伊德的一些追随者很快就挑战了他的看法，但是，直到20世纪六七十年代，精神分析界才彻底审视、修改了他的女性发展理论。从那以后，当代理论家已经提出了一些重要的女性发展的新理论。弗洛伊德认为，女性身份的发展是对被阉割感的反应。与弗洛伊德的观点相反，这些新理论强调原初女性观（primary femininity）。这些理论也假设，虽然与男性发展有些不同，但是，女性的发展是正常的、有道德感的。研究者不再认为，对于小女孩的发展来说，阴茎嫉妒的体验是普遍而重要的。他们认为，许多因素都会影响阴茎嫉妒的重要性。例如，在家庭中感受到的性别权力分配，或者一些损害自尊的、有关丧失和躯体伤害的先前经历。同时，研究者认识到，小男孩也会对母亲和姐妹的特点感到嫉妒。这给当代实践者提供了一种更平衡的观点。当代理论认为，男性和女性都会认识到"一个人无法拥有一切"，从而体验到失落感。他们都必须面对失落感造成的嫉妒体验。如今，研究者们已经广泛认可了精神分析性别发展理论中的这些进步，以及很多其他的进步。

精神分析对同性恋的观点也曾被质疑，尤其是在20世纪七八十年代。当时，整个心理健康领域都修改了对同性恋的看法。大多数人都知道，由于许多相邻领域得出的新数据，以及一些政治激进运动，1973 年，美国精神病学会从《精神障碍诊断与统计手册》（第三版）（*Diagnostic and Statistical Manual of Mental Disorder*，Third Edition）中去除了所有把同性恋视为障碍的文字。精神病学界、心理学界和社会工作者也随之更改了他们的理论和实践。但是，精神分析的理论家们却属于心理健康领域中对此最执着的群体，这可以说是精神分析史上最不幸的事情之一了。当时，许多理论家坚持的观点包括：（1）同性恋体现了一种对俄狄浦斯（或其他）恐惧的防御；（2）同性恋总是伴随着自恋型人格；（3）同性恋受同性吸引是一种心理选择。如果在治疗中处理这背后的动机和防御，同性恋是可以改变的。上述观点只是其中的一些。与弗洛伊德本人的看法相比，这其中的许多观点都具有更加极端的反同性恋偏见。实际上，弗洛伊德本人对同性恋的看法是多种多样的，其中包括：（1）每个人都是天生双性恋；（2）同性恋不能改变；（3）同性恋不是一种心理疾病；（4）反向俄狄浦斯情结防御了正向俄狄浦斯情结；（5）同性恋体现了在某个早期发展阶段的固着。历史上，当心理动力学治疗师们试图用上述观点治疗同性恋男女时，曾产生过许多灾难性的后果——接受治疗的同性恋人群试图改变自己的性取向，加深了对自己的厌恶，失去了可以更好地理解自己的很多机会。

如今，心理动力学治疗师们认识到，同性情爱和性吸引不是病理性的，而且通常是不可改变的。他们也明白了，单凭临床数据不能构建起完整的性取向发展理论。不管患者最初的性取向是什么，当代心理动力学治疗师感兴趣的是，所有患者如何面对亲密和性带来的挑战。心理动力学治疗师们发现，有些问题是同性性取向所特有的。所以，治疗师会关注同性性取向患者的身份认同是否稳固；他们如何应对自己与父母之间的不同（大多数情况下是这样的）；他们如何处理同性恋恐惧，不管是来自周围环境的，还是内化的同性恋恐惧（internalized homophobia）；如何在非典型环境中抚养孩子。以上只是其中的一些。与精神分析性别发展理论一样，如今，发展心理学的理论家们用更多、更全面的术语来理解各种人类性欲。除了从临床情境中收集材料，他们还考虑来自行为遗传学、精神神经内分泌学，以及许多其他邻近学科的发现。

## 俄狄浦斯情结的普遍性

当代心理动力学实践者对俄狄浦斯问题的看法是复杂的，他们承认先天因素的作用，也承认环境的影响。虽然与俄狄浦斯情结有关的许多概念都改变了，但是心理动力学治疗师们仍然觉得，俄狄浦斯情结描述了一系列重要的、普遍的想法和感受，它们会持续影响每个人。首先，心理动力学治疗师们保留了与俄狄浦斯情结有关的许多用语。这是由弗洛伊德伊始长期保持的传统。例如，虽然俄狄浦斯情结借用了一位男性英雄的名字，但是我们谈男性和女性时都会使用这个术语。有人曾试图纠正这种用语上的男性中心倾向［例如，提议使用类似的概念，如厄勒克特拉情结（Electra complex）］，但是，这些尝试并没有流行起来。也有些理论家曾提出，珀尔塞福涅（Persephone）的神话故事可以更好地描述小女孩的冲突。

面对俄狄浦斯理论中的众多变化和发展，我们该如何最好地解释俄狄浦斯情结的普遍性呢？我们可以认为，在每种文化和每个人的心中，每个个体都必须处理的至少有三个问题：（1）与自己有情感联系的他人可能与其他人之间拥有把我们排除在外的关系；（2）有些欲望是被禁止的；（3）每个人都曾经是孩子，需要解决与这一事实有关的、持续至今的许多感受。当我们这样理解时，虽然俄狄浦斯情结的构成在不同文化中、不同个体间是不同的，但是人类中没有哪个能够避开这些普遍问题造成的心理影响。每个人都必须找到一种方法来应对这些问题带来的挑战。于是，每个人都必须苦苦应付竞争感和被排斥感，渴望、恐惧和内疚感，以及无助和弱小的感觉。在西方文化中，这一剧本在童年期最常表现为俄狄浦斯情结（正如精神分析理论所描述的那样）。虽然俄狄浦斯剧本的构成经常变化，但是该剧本本身及其带来的情绪挑战却是普遍的。

正在壮大的发展心理学领域一直证明着俄狄浦斯情结的普遍性和实用性。另外，为了探索俄狄浦斯幻想对多种任务表现的影响，认知心理学家们也设计了一些精妙的实验。但是，临床经验最有力地证明了这一概念具有的持续重要性：接受心理动力学治疗的人们挣扎于应付俄狄浦斯冲突的持久后果——正如神经症痛苦所体现的那样。

## 俄狄浦斯情结以及叙述和幻想的重要性

弗洛伊德的兴趣从研究癔症和心理疾病扩展到了研究梦和正常心理。他的关注点也从外部事件（诱惑假说）转移到了内部的心理运作上。在此过程中，弗洛伊德发展出了地形学模型。他开始论述文学和艺术。他在文学和艺术中发现了许多典型的故事。这些故事举例说明了心理地形学模型是如何运转的。弗洛伊德开始看到，神经症痛苦、梦与文学艺术是联系在一起的，它们有着同样的故事结构。那么，如何理解戏剧般的故事既会表现在诗歌、戏剧中，又会出现在正常人的心理中呢？弗洛伊德对俄狄浦斯情结的解释就是第一个（或许也是最著名的）例子。弗洛伊德不断探索神经症心理和正常人的心理，以及文学、艺术及艺术家的心理。他用自己新的心理理论揭示了隐藏在艺术创作和生活中的戏剧剧本背后的日常心理。在关于文学的论著中，弗洛伊德提出，有创造力的作者能够以独特的方式运用心理所固有的讲故事能力。

幻想（fantasy）这个概念反映了心理生活固有的讲故事的能力。随着儿童接近俄狄浦斯期，幻想也变得越来越重要。在人类心理中，所有体验都是以幻想的形式组织起来的。幻想指的是一种叙述形式的剧本，幻想者通常在其中扮演主角。对于体验的叙述性结构，精神分析心理模型假设其过程是这样的：体验始于感受；感受发展为愿望和恐惧；愿望和恐惧聚集成情结；情结被组织成幻想的网络。俄狄浦斯情结是第一个被描述的幻想网络。在本书中，我们还会描述更多这类网络。心理塑造体验的这个方面被称为"心理的叙述性结构"（narrative structure of the mind）。精神分析心理模型强调心理的讲故事能力，而邻近心理科学也越来越关注心理和脑的叙述性结构。这使精神分析心理模型与邻近心理科学之间的关系变得更加紧密了。

在心理生活中，幻想最明显的例子就是白日梦现象，以及伴随着自慰和性活动的想象。在本章前面的部分中，我们也看到，处于俄狄浦斯阶段的儿童会越来越喜欢讲故事。但是，幻想或多或少是一个连续的过程，其中大部分是在觉察范围之外进行的。于是，我们通常将其称为"无意识幻想"（unconscious fantasy）。人类最精妙的幻想就是我们的人生故事。我们每个人都活在其中。在精神分析治疗的大部分时间里，我们都在揭露、探索心理的无意识幻想世界，然后把幻想组织进人生故事中。其实，在《梦的解析》一书的自传部分中，我们会看到，弗洛伊德首次完整、详细地论述了无意识心理运作与下述这些内容之间的关系：症状，甚至梦的产生，以及一位奋力挣扎的个体的整个人生故事所叙述的个人细节——而书中讲述的就是弗洛伊德自己的人生故事。

## 修改地形学模型：弗洛伊德的心理结构模型

弗洛伊德的天才之处部分在于，他看到了表面上迥然不同的人类活动之间的相似性，如症状、笑话、过失行为、梦和白日梦。他发现，在这些看似无关紧要的、零碎的心理活动中，暗藏着理解人类某些深层困扰的关键。一直以来，弗洛伊德的作品中吸引人的地方就是，他能够把寻常和不寻常联系在一起，发现痛苦的神经症患者与富有创造力的艺术家共有的人性——他们都挣扎着，想要调和无意识的需求与日常现实设立的限制。地形学模型最初出现在《梦的解析》中，在随后的二十多年间，又获得了进一步发展。它体现了弗洛伊德初次尝试构建心理理论模型来解释他不同寻常的观察结果。心理地形学模型打开了一扇大门，使我们可以用另一种方式思考：人类的心理生活是什么样的，它如何通过众多方法表达自己。这是除弗洛伊德以外任何人都从未考虑到的。

　　然而，在心理地形学模型的描述中，我们也发现了许多矛盾。警觉的读者也许已经发现了这些矛盾。虽然弗洛伊德耗费了二十多年，努力想把自己对人类心理生活的许多观察纳入地形学模型中，但是他最终不得不激进地修改了这个模型，提出了结构模型。在第三部分中，我会首先探讨导致地形学模型做出修改的众多矛盾。我们会看到，矛盾之一就在于幻想本身的结构。按照心理地形学模型的观点，幻想本身就不该存在于无意识中。无论如何，在第二部分的最后，我们要记住，地形学模型中的很多内容依然是有用的，尤其是它认为动力性无意识的力量影响着我们所做的一切。临床工作者必须谨记，被推出觉察范围的、无法被接纳的想法和感受常常是神经症的起因。让这些想法和感受重见天日可以帮助患者对抗心理痛苦。

## 本章总结与核心维度表

　　表 7-1 展示了地形学模型的核心维度表。在动机、结构 / 过程和发展的栏目下增加了一些关键概念。

　　**地形学观点**：俄狄浦斯情结几乎完全是无意识的。

　　**动机性观点**：俄狄浦斯奋争（oedipal strivings），即想让自己渴望的父 / 母偏爱自己，同时想除掉另一个与自己竞争的母 / 父，一直都是我们每个人动机的一部分。对于我们每个人来说，俄狄浦斯恐惧（oedipal fears，包括害怕被遗弃、失去爱；害怕被报复，如阉割焦虑；以及对内疚感的恐惧）也是重要的。

　　**结构性观点**：俄狄浦斯情结在心理中制造了一种结构。这种结构影响着我们随后的所有体验（术语"情结"指的是一组彼此关联的无意识感受和观念，它们在心理中形成了网络或模板）。俄狄浦斯情结阐释了人类心理固有的讲故事能力。在自己的作品中，弗洛伊德生动地描述了心理如何运用叙述形式的幻想剧本来组织体验。最后，俄狄浦斯情结也带来了心理上的一些重要变化。儿童会逐渐内化父母针对俄狄浦斯奋争的禁忌。于是，一种新的结构——超我（或道德感）——得以出现，它带来了内疚感。随着儿童开始模仿父母，而不是试图满足对父母的情爱依恋愿望，儿童的自体意象或身份认同也产生了重要的变化。

**发展性观点**：俄狄浦斯期（3~6岁）是俄狄浦斯奋争和俄狄浦斯恐惧盛行的时期。但是，这些奋争和恐惧会永远存在，继续进入青春期和成年期。换句话说，儿童的生活存留在了成人的心理中。

**心理病理学理论**：源自早年生活的俄狄浦斯冲突会留下永远的印记。它们是成人出现心理痛苦（神经症）的原因之一。

**治疗作用理论**：探索俄狄浦斯情结是大部分心理动力学治疗的一部分。

表 7-1　地形学模型 3：俄狄浦斯情结

| 地形学 | 动机 | 结构 / 过程 | 发展 | 心理病理学 | 治疗 |
|---|---|---|---|---|---|
| ➤心理被分为三个领域：<br>• 意识<br>• 前意识<br>• 无意识 | ➤总是在寻求表达了无的愿望构成心理意识心理<br>➤前意识 / 意识心理的压抑力量一直监察着无法被接纳的愿望<br>➤俄狄浦斯奋争<br>➤俄狄浦斯恐惧 | ➤无意识的运作依循初级过程；前意识 / 意识的运作依循次级过程<br>➤监察者分离了无意识心理与意识 / 前意识心理<br>➤梦<br>➤情结<br>➤幻想<br>➤故事<br>➤道德感<br>➤认同 | ➤初级过程是心理运作最早的模型；次级过程是随后发展出来的<br>➤愿望源自童年期，构成了婴儿性欲的基础<br>➤俄狄浦斯奋争和俄狄浦斯恐惧会持续到青春期和成人期<br>➤愿望变得越来越无法被接纳<br>➤监察能力逐渐增强 | ➤神经症的起因是意识与无意识领域之间的冲突<br>• 被压抑物的返回<br>• 强迫性重复 | ➤自由联想（"基本规则"）<br>➤考察移情和阻抗<br>➤诠释和重构产生了疗效<br>➤洞察（"使无意识意识化"）<br>➤探索梦 |

第三部分

03

## 结构模型

## 第 8 章

# 新装置、新概念：自我

**本**章将向读者介绍心理的结构模型，简单定义本我、自我和超我的概念。我将回顾精神分析心理模型必须被修改的原因。我也将更深入地探索自我这一概念。本章介绍的新词汇包括：适应、自主的自我功能、平均可预期环境、自我、自我功能、自我身份认同 / 同一性、自我心理学、自我强健、自我虚弱、动态平衡、本我、认同、内化、现实检验力、超我，以及三我模型。

心理结构模型是精神分析心理模型的第二个版本。1923 年，在《自我和本我》(*The Ego and the Id*) 中，弗洛伊德介绍了结构模型。我们会看到，弗洛伊德之所以提出了修改后的心理模型，是因为他越来越认识到，心理地形学模型理论上有很多前后矛盾的地方。最重要的是，地形学模型不能帮他解释更广泛的各类临床问题。因此，弗洛伊德开始反思，按照地形学的思路探索是否确实可以最好地理解患者的心理挣扎。他指出：也许，最好把心理生活理解为三个结构彼此互动的结果（他把它们称为自我、本我和超我），而不是无意识与前意识 / 意识领域斗争造成的。这三个结构彼此有着不同的动机、结构特点、运作模式和发展过程。简单来说，自我指的是心理的执行功能，它负责维持动态平衡和适应；本我指的是人类心理生活的动机性力量，也被称为驱力；超我指的是道德要求和理想，我们通常称之为道德感。

20 世纪 50 年代，尤其是在美国，心理结构模型成了心理动力学临床医生们最常用的心理运作模型。随着时间流逝，它逐渐被等同于术语自我心理学（ego psychology）了。自我心理学是精神分析的一个分支，强调自我及其在心理运作中发挥的作用。另外，心理结构模型被认为等同于术语心理的三我结构模型（tripartite model of the mind），也常常被等同于术语冲突理论（conflict theory）。该理论强调自我如何制造折中，从而依照外在现实，协调好本我与超我之间彼此冲突的目标，而且，折中影响着全部的心理生活。最后，心理结构模型（和自我心理学／冲突理论）经常被认为等同于经典精神分析（classical psychoanalysis），甚至被简单地说成弗洛伊德派精神分析（Freudian psychoanalysis）。从 20 世纪 70 年代初到现在，心理结构模型（和自我心理学）经常与客体关系理论和自体心理学（以及最近的人际精神分析）竞争，争夺心理动力学治疗界的主导权（见第四部分）。本书的目标之一就是告诉读者，这些模型（和地形学模型）可以彼此结合，融入一种整合后的观点中。

## 导致地形学模型被修改的问题

什么问题让弗洛伊德修改了他的心理地形学理论？虽然之前我们看到，地形学模型有很多用处，但是，弗洛伊德很快就发现，把心理划分为无意识和前意识／意识，不足以描述心理生活的所有复杂面。让我们简单回顾一下地形学模型：无意识愿望寻求表达，前意识／意识对现实、社会和道德的要求做出响应。无意识愿望与前意识／意识的压抑力量之间存在冲突。无意识完全由愿望组成，而且任性、毫无拘束；前意识／意识则包括了组织、评价、计划和延迟等所有能力。不过，这个模型也存在一些问题。

首先，弗洛伊德的观察结果挑战了这个模型。也许，一些敏锐的读者已经发现，防止无意识愿望浮现的防御以及命令这些防御运作的监察者本身就是无意识的。前意识的内容可以仅仅通过注意就被带进意识中，但无意识却不可以。大多数时候（除了一些特例），我们不会觉察到自己正在有目的地把某些想法从意识中排除出去，或者说，我们不会觉察到自己正在对其进行监察。实际上，如果我们能觉察到，那么防御的整个目的——造成"不知道"——就不复存在了。在临床情境中，患者会表现出阻抗的迹象，但是，这种阻抗并没有上升到患者的意识中。换句话说，**精神分析心理模型必须将可以进行评价和防御的这部分无意识纳入其中**。

然后，弗洛伊德开始观察到，在相当数量的案例中，被防御的思维和感受根本不是愿望，而是道德忧虑。弗洛伊德治疗了一些饱受忧郁（melancholia）（他对抑郁的称呼）、强迫症状和受虐之苦的患者。这让他理解到，道德要求和自我惩罚倾向也可以无意识地运作。这些道德要求可能包括理想、禁忌、惩罚和奖赏。换句话说，**精神分析心理模型必须将包含了愿望之外的道德要求的这部分无意识也纳入其中**。

我在第 7 章中阐述俄狄浦斯情结时已经发现，无意识中充满了按叙述的形式组织起来的故事。当弗洛伊德刚开始进行临床工作的时候，他不太关注心理体验的结构或组织。但是，随着理论的发展，他开始认识到，某些心理内容的组织方式会影响体验的性质。我们已经看到，弗洛伊德最初认为，愿望在心理生活中具有特殊的地位。很快，他就向同事们（包括卡尔·荣格和其他人）借用了一些想法。他开始认为，这些愿望被组织成了情结——成群的、彼此联系的观念、感受和愿望。所有情结都被存储在心理之中。后来，他继续发展出这样的观点：心理体验（尤其是充满情绪的体验）的组织形式是幻想，或者说是故事般的想象性叙述。想象者在其中扮演着重要的角色。在精神分析视角下理解主观经验时，无意识幻想的概念开始变得极为重要（见第 7 章"俄狄浦斯情结"）。但是，认为无意识心理生活被组织成故事的观点与心理地形学模型是矛盾的。因为该模型坚称，无意识心理生活只能是充满渴望且被初级过程组织起来的。换句话说，**精神分析心理模型还必须将可以被组织成叙述形式的这种无意识纳入其中**。正因为这三个原因，弗洛伊德最终不得不修改了地形学模型。

## 伴随着地形学模型的倒塌，无意识的概念扩展了

如果从另一个角度看待从地形学模型到结构模型的转变，我们就会发现，无意识这一重要概念本身也发生了巨大的变化。地形学模型的核心观点是，心理的无意识领域是单一的。它的内容只有一种类型。它幼稚、充满渴望，只有一种心理运作过程。当代心理动力学治疗师们不再坚持这种最初的看法。之前讨论的地形学模型让我们能够理解，为什么弗洛伊德派的无意识被普遍错误地认为是"一口充满了沸腾刺激的大锅"。当构建起心理结构模型后，弗洛伊德逐渐废弃了地形学模型以及把无意识看成"沸腾大锅"的观点。弗洛伊德这样做的大部分原因是他自己越来越认识到，无意识心理生活所包含的不仅有咄咄逼人的愿望，还有道德、策略和现实导向的各种奋争。其中很多组织方式是有逻辑的、目标导向的。换句话说，弗洛伊德曾认为，无意识是个地狱，充满了原始的、非理性的、饥渴的奋争。它们不顾一切、不惜任何代价地寻求表达。但是，提出结构模型后，这种观点就不复存在了。在新的模型中，动力性无意识被假想为包括了自我保存奋争、评价和选择的能力、道德要求，以及幼稚的、寻求满足的愿望（见第 3 章"动力性无意识的演变"）。

## 自我

于是，我们接触到了一个重要的新概念：自我，或者说心理执行功能的代理者。心理结构模型最重要的新特点之一就是，它尤其强调心理的自我调控（self-regulation）能力［有时被称为动态平衡（homeostasis）］和适应（adaptation）能力。虽然地形学模型已经暗含了这些能力——有个监察者可以评价、延迟满足，但是，新的结构模型尤其重视它们。新模型假设所有这些能力都是一个新结构——自我的功能。詹姆斯·斯特雷奇（James Strachey）在翻译弗洛伊德的 *"das Ich"* 或 "the I（这个我）"时，创造了

自我（ego）这个词。从 1956 年到 1974 年，弗洛伊德作品的英文版本——《西格蒙德·弗洛伊德心理著作全集标准版》（*The Standard Edition of the Complete Psychological Works of Sigmund Freud*）陆续出版。斯特雷奇是该全集标准版的总编辑。他和他的编辑团队创造了许多我们熟悉的词，如自我、本我、动作倒错、投注（cathexis）等。1923 年以前，弗洛伊德在很多场合使用过术语自我，但大多指的是整个心理或整个人。直到提出结构模型后，弗洛伊德才正式称自我是心理的执行功能，或者用他的话来说，是"心理过程的一个连贯组织"。

当弗洛伊德提出自我这一正式概念时，他也第一次开始大量关注动态平衡和适应过程，以及构成这些重要过程的自我功能。这些自我功能包括：之前地形学模型中意识／前意识心理具有的能力，如监察和防御；以及地形学模型中次级过程的一些特点，如理性、逻辑和评判。自我功能也包括认知、知觉、记忆、运动、情感、思维、语言、象征化、现实检验力、评估、冲动控制、情感耐受等，以上只是其中一些比较重要的能力。自我功能还包括一些必不可少的任务——调解冲突和制造折中（见第 10 章）。它们同样包括了一些关键的任务——形成并维持心理表征，包括自体和客体表征（见第 11 章和 12 章）。自我包括了意识的、前意识的和无意识的方面，但是自我功能大多是在觉察范围之外运作的，只有一部分自我功能的运作是前意识和意识的。

让我们更细致地探索一下自我调控／动态平衡过程和适应过程。首先，动态平衡是精神分析从普通生物学中借用的概念（普通生物学探索了每个有机体的这种重要功能）。最近，认知科学界的研究可以极大地帮助我们理解这一功能是如何运作的（见第 3 章中"认知心理学的兴起"一节）。在第 7 章中，在阐述俄狄浦斯情结的当代观点时，我也提到了这一功能的某些方面。人类能够评价彼此冲突的动机，决定其优先次序并做出妥协。正如我们所看到的，精神分析心理模型可以帮助我们理解这种能力。

与地形学模型相比，心理结构模型有了长足的进步。它能更好地描绘彼此冲突的动机，解释我们如何达成折中，分析制造折中所必需的自我功能。例如，在结构模型中，防御（defense）被定义为既是自我的一种能力，也是折中的一个重要成分。在新模型中，防御所涵盖的范围扩展了。它不仅包括了压抑，还包括了心理可以用来应对冲突的一系列策略。这些策略几乎是无穷无尽的。要想应对心理冲突的主观体验，我们还需要另外一些自我功能，如冲动控制和情感耐受等。我会在第 10 章中更细致地谈论冲突、防御和折中。

除了自我调控功能，自我也被定义为一种能够适应外部现实的心理结构。适应也是精神分析从普通生物学中借用的概念，指的是每个有机体的生存需要，以及这些生存需要如何在有机体与环境的互动中获得满足。适应包括了个体与环境之间的匹配，以及通过改变、控制和 / 或顺应环境来增强这种适应的心理过程。在精神分析心理学中，适应这一概念强调这样的事实，即人类的心理不仅仅是由彼此冲突的内在动机塑造的，个体与环境之间的互动也参与了该塑造过程。精神分析大多重视养育环境和家庭，有时也重视周围的文化。我们会在第 10 章中看到，对于调解冲突和制造折中来说，适应外部现实发挥了重要的作用。在第四部分的客体关系理论和自体心理学中，我们也会发现，许多理论家探索了成长中的儿童如何在与养育环境的互动中发展出其心理结构。随着精神分析心理模型的逐渐发展，这种探索也变得比以往任何时候都更加重要。

在心理生活中，适应外部现实是重要的。之前的心理地形学模型确实在一定程度上考虑到了这一点。例如，地形学模型提出，前意识 / 意识觉察到，无意识愿望与外部现实或社会的要求是互相冲突的。另外，弗洛伊德认为，婴儿会逐渐认识到，在现实世界中，初级过程不足以让其获得满足。于是，前意识 / 意识心理领域的次级过程便会发展出来。最后，在地形学模型的框架下，弗洛伊德也主张，自我保存（self-preservation）动机（自我的早期版本）与无意识愿望是互相冲突的。不过，心理地形学模型十分强调无意识愿望本身。弗洛伊德试图描绘无意识的本质。因此，他的作品大多是在谈论这些内容。换句话说，虽然心理地形学模型确实承认外部世界的影响，但是，正如上面所说，这种影响并没有被很好地理解。

与地形学模型相比，心理结构模型的长足进步还体现在：它使我们能更好地理解心理适应外部现实的能力。例如，现在我们可以深入、细致地研究现实检验能力（一种自我功能）。另外，研究者们越来越关注内化（internalization）过程（也是一种自我功能）。现在，我们同样可以更深入、更细致地对其进行研究。内化也是从普通生物学中借用的术语，指的是［通常与外化（externalization）相对］有机体倾向于吸收外部世界的某些方面。实际上，弗洛伊德一开始就认为，自我的发展受到知觉刺激（或者说对外部现实的认识）的影响。后来，他描述了自我如何从人际关系的内化中获得力量和性格（character）（见第9章和第10章中对性格这一概念的介绍）。例如，认同（identification）被定义为内化他人的特质，从而修改自体表象。我们已经知道了，在俄狄浦斯期，儿童会把父/母一方感知为竞争对手。俄狄浦斯奋争的解决，有赖于儿童发展对其父/母亲的认同。随着精神分析心理模型的进步，当我们在第四部分探讨客体关系理论和自体心理学时，理解内化的众多方面（包括认同）会变得越来越重要。

## 自我对结构模型的贡献

心理结构模型，尤其是自我这一概念，极大地影响了心理动力学治疗师对心理健康、心理疾病和治疗的看法。结构模型描绘了众多的自我功能。临床医生们因此能够个体化地对其进行评估，从而细致地描述心理健康——表现为自我强健（ego strength），以及心理疾病——表现为自我虚弱（ego weakness）。虽然随着时间的推移，这些概念已经得到了改进。但是，当代心理健康从业者依然广泛地使用其来描述患者的功能位于什么水平上。

心理地形学模型认为，当压抑太死板或愿望太强大时，无意识愿望会造成不灵活的、刻板的后果，从而产生神经症的心理疾病。治疗的目标是寻找隐藏而又致病的无意识奋争，致力于"将一切致病的无意识予以意识化"。弗洛伊德这样说的意思是，通过把无意识愿望交给意识评判而不是对其进行压抑，患者应该能更好地控制自己的心理。提出结构模型后，神经症心理疾病的起因被认为是自我在彼此竞争的目的之间制造折中时，采用了不灵活或不适应的方法。在新模型的框架下，治疗的目标是理解自我如何应对（或者无法应对）冲突，并试图增强自我的适应能力。知道了这一点，我们就能更好地理解弗洛伊德的名言，"本我在哪里，自我就应该在哪里"。在第10章（"冲突与折中"）中，我会更深入地探索这些心理病理学以及对其进行治疗的新思路。

## 著名的自我心理学家

### 安娜·弗洛伊德

心理地形学模型大部分是一个人（西格蒙德·弗洛伊德）的创作。不过，虽然心理结构模型是弗洛伊德提出的，但它也是许多人对其进行精心阐述的成果。例如，弗洛伊德的小女儿——安娜·弗洛伊德（Anna Freud，1895—1982）在其著作《自我和防御机制》（*The Ego and the Mechanisms of Defense*）中探讨了自我的防御能力。我们最好把安娜·弗洛伊德看成心理动力型儿童精神病学及其治疗的主要倡导者，她也因此推进了对正常自我和病理性自我发展的研究。我不会在此深入谈论心理动力型儿童精神病学，甚至不会深入探索自我发展的广袤领域，因为这样就会偏离太远。但是，我们要知道，自我心理学的发展与精神分析发展心理学的成长和儿童观察是并驾齐驱的，且这两者之间有着紧密的联系。

### 海因兹·哈特曼

自我心理学的另一个重要贡献者是海因兹·哈特曼（Heinz Hartmann，1894—1970）。他在《自我心理学和适应问题》（*Ego Psychology and the*

*Problem of Adaptation*）一书中明确提出：心理适应外部现实的能力是很重要的。在哈特曼看来，心理天生的潜质会与他所说的平均可预期环境（average expectable environment）相互作用，自我就是在这样的互动过程中发展起来的。平均可预期环境包含了养育环境常有的方面，如爱、照料和安全等。哈特曼的重要之处还在于他描述了自主的自我功能（autonomous ego function）——心理天生的一些能力，包括思维、记忆、知觉、认知和运动等。它们的发展独立于冲突，或者说是自主的。但是，自主的自我功能可能被卷入冲突中，从而变得扭曲。在第 7 章"俄狄浦斯情结"中，我们已经看到了一些这样的例子。下面我们会看到，描述自主的自我功能以及从整体上描述自我这一概念可以允许精神分析心理学的发展与心理学的其他领域紧密结合，包括与认知神经科学。

## 埃里克·埃里克森

大多数读者所熟悉的最后一位自我心理学家是埃里克·埃里克森（Erik Erikson，1902—1994）。他也许是继弗洛伊德之后美国最著名的精神分析家。埃里克森闻名的原因在于他创立了人类毕生发展的八阶段理论，其中包括的阶段有信任/不信任、自主/羞耻与怀疑、主动/内疚、勤奋/自卑、同一性/角色混乱（或弥散）、亲密/孤独、繁殖/停滞，以及自我整合/绝望。成长中的个体成功度过每个发展阶段后，就会获得该阶段命名中所示的心理能力（如信任）。如果个体没能获得这种能力，就会出现病理性的心理状态（如不信任）。先天能力、外部现实、人际关系和周围文化相互作用，共同造就了个体的能力。埃里克森最重要的贡献之一是自我同一性（ego identity）这个概念，后来被简缩为同一性（identity）[①]，指的是自身作为社会中一名独

---

① 在主流心理学界，identity 的通行译法是同一性，我们在这里（谈到埃里克森时）会遵循这种译法。但是，在客体关系理论和自体心理学中，我们将采用更精神分析的译法，把 identity 译成身份认同。这两者实际上是同一个概念。——译者注

特个体的统合、稳固的感受。埃里克森认为，只有考虑周围的文化背景，我们才能理解自我的发展。这使精神分析心理学的发展能够与其他社会科学紧密结合，包括社会学、人类学等。另外，埃里克森也关注客体在各个阶段的重要性，关注发展健康同一性的重要性。这预示了客体关系理论和自体心理学的发展（见第 11 章和 12 章）。

## 结构模型与普通心理学之间的交汇点

我们已经知道，心理结构模型和自我心理学使研究者们开始关注一系列广泛的心理过程和能力。其中一些能力被压抑了，在意识范围之外运作，如许多与应对冲突有关的能力（见第 10 章）。自我还包括了许多其他过程和能力。而它们在觉察范围之外运作不是因为被压抑了，而是因为它们本身就该以这种方式运转。弗洛伊德所说的描述性无意识就包括了这些能力（见第 3 章和第 5 章）。心理结构模型强调心理的动态平衡和适应能力。自我心理学因此让精神分析心理模型与普通心理学其他领域之间的联系更加紧密了。心理结构模型也让精神分析心理模型与神经科学产生了联系。美国国家精神卫生研究所致力于以可观察行为和神经生理测量的维度为基础，建立起一种新的心理疾病分类方式。他们提出了研究领域的标准（Research Domain Criteria），其中包括"认知系统"领域。在精神分析心理模型中，"认知系统"领域被定义为自我功能。

从 20 世纪 50 年代到 60 年代，自我心理学的领导者们（包括哈特曼和其他理论家）甚至提出，精神分析正在变成一种"普通心理学"。这些自我心理学家意识到，完整的心理学应该涵盖许多东西，包括临床情境中的发现、实验心理学、发展心理学、认知神经科学和社会科学。他们主张，心理结构模型，尤其是包含了自主功能的自我，让精神分析进一步贴近了发展出这种普通心理学的目标，或者说彻底理解心理的目标。有些读者可能对历史感兴趣。我要说的是，精神分析持有这种观点的时期，正是它在美国精神病学界中比较具有领导力的时期。不过，这种认为精神分析心理模型可以进一步扩展、全面化的观点已经被冷落了。大多数当代精神分析师（包括本书作者）都认为，心理学是一个复合的领域。它包括了许多类型的知识，这些知识来自实验心理学、发展心理学、认知心理学、语言学、人工智能、心理哲学、神经科学以及其他领域。本书的目的不在于刻画一个完整的心理理论，而是希望描述精神分析心理模型对心理理论做出的独特贡献。本书试图概述的精神分析心理模型是与邻近学科的知识相一致的，尤其是认知神经科学。同时，正如我们在第一部分提到的那样，普通心理学的其他领域正在缓慢地走向精神分析心理模型。这是一个悄然发生的过程，而且持续到了今天。下一章，我将谈论心理结构模型的其他成分：本我和超我。我会强调，在这些结构中也可以找到与邻近学科之间的联系。

## 本章总结与核心维度表

表 8-1 展示了结构模型的核心维度表，其中包括下面这些关键概念。

**地形学观点**：自我和超我都包含了意识 / 前意识和无意识的方面。本我被定义为是完全无意识的。

**动机性观点**：自我追求动态平衡（自我调控）和适应。本我是寻求快感的基本动机（也即驱力）的所在地。超我关心道德要求。这些动力总是相互冲突，因此必须在它们之间制造折中。

**结构性观点**：心理被分成自我、本我和超我三个结构。自我有许多能力（被称为自我功能），包括之前地形学模型中被归属于初级过程的能力，如监察和防御，以及与次级过程有关的一些特征，如认知、知觉、记忆、评估（包括现实检验力）、情感和冲动耐受以及形成心理表征的能力。自我也有内化的能力（有机体倾向于吸收外部世界的某些方面）、认同的能力（内化他人的一些特质，从而修改自体表象），以及形成自我同一性的能力（自己作为社会中一名独特个体的统合、稳固的感受）。

**发展性观点**：自我会终生发展，在儿童期的发展尤其显著。在埃里克森的人类毕生发展八阶段理论中，每个阶段都体现了一种具体的心理能力，它们是自我必须成功发展出来的：信任／不信任、自主／羞耻与怀疑、主动／内疚、勤奋／自卑、同一性／角色混乱（或弥散）、亲密／孤独、繁殖／停滞，以及自我整合／绝望。

**心理病理学理论**：在结构模型中，我们用自我强健来评价心理健康，用自我虚弱来评价心理疾病。

**治疗作用理论**：自我在面对冲突时，会使用一些策略来维持动态平衡和适应。每个心理动力学治疗都要探索这些策略。因此，才有了这样的名言："本我在哪里，自我就应该在哪里。"

表 8-1 结构模型 1：新装置、新概念：自我

| 地形学 | 动机 | 结构/过程 | 发展 | 心理病理学 | 治疗 |
|---|---|---|---|---|---|
| ➤ 自我、超我都有意识/前意识和无意识的方面<br>➤ 本我是完全无意识的 | ➤ 自我、超我和本我有不同的目标：<br> ■ 自我——动态平衡和适应<br> ■ 超我——道德命令<br> ■ 本我——驱力<br>➤ 因为有彼此竞争的目标，所以冲突是永远存在的 | ➤ 心理被分成三个结构：自我、超我和本我<br>➤ 自我<br> ■ 自我功能<br>  * 防御<br>  * 内化<br>  * 认同<br> ■ 自我认同 | ➤ 自我发展<br> ■ 埃里克森的发展阶段理论 | ➤ 自我强健/自我虚弱是心理健康/疾病的一个指标 | ➤ 增强自我<br>➤ "本我在哪里，自我就应该在哪里" |

# 第 9 章
# 本我和超我

本章将细致描述本我和超我的概念，解释驱力理论、力比多理论和心理性欲。我也会探索从驱力角度看待动机的优势和劣势。本章介绍的新词汇包括：攻击、攻击驱力、肛欲期、自体性欲、驱力、驱力理论、自我理想、动欲区、固着、生殖器期、内疚、婴儿性欲、本能、潜伏、力比多、力比多理论、客体寻求、俄狄浦斯期、口欲期、阳具期、前俄狄浦斯期、心理能量、心理性欲阶段、心理性欲、反向形成、退行、分离焦虑、性欲、羞耻、陌生人焦虑以及升华。

为了理解心理结构模型如何能帮助我们了解正常的和病理的心理运作，我们必须接着探讨本我和超我。正如我在第 8 章（"新装置、新概念：自我"）中提到的，自我不仅要负责自我调控 / 动态平衡和适应，还要调解冲突，即依照外部现实在本我和超我的需求之间制造折中。那么，什么是本我？什么是超我？它们如何运作，又如何能帮助我们理解心理呢？

## 本我

在心理结构模型中，本我是心理的一部分，包含寻求快感的基本动机。在结构模型中，本我的力量被称为驱力（drive）。这些驱力包括满足心理性欲的驱力和攻击的驱力。驱力理论是精神分析心理模型中首个发展充分的动机理论。在本章中,我会解释驱力理论(drive theory)是什么,以及驱力理论著名的产物:力比多理论(libido theory)。我也会解释攻击驱力(aggressive drive)是什么。我会讲解,驱力理论的哪些方面是重要的,这一理论在当代精神分析中得到了怎样的改进。

就像自我一样,詹姆斯·斯特雷奇在翻译弗洛伊德的术语 das Es(字面意思是"那个它"①)时,创造了本我(id)这个词。本我这个心理结构与人类有机体的生物需要之间关系最密切,包括性欲望和攻击欲望。本我被定义成是完全无意识的。它由先天的需要和后天习得的激情构成且两者都可以被压抑。

在心理结构模型中,本我几乎接管了心理地形学模型中描述的无意识的所有特性。例如,本我包含了愿望的性质,它通常是无法被意识接纳的。压抑的力量把本我赶出觉察范围。本我的运行遵循初级过程的运作模式——不考虑后果,一味寻求满足和快乐。最后,它总是想躲开压抑,影响个体的思维和行为。为了避开防御,本我会披上很多伪装的外衣。第 10 章将讨论本我在冲突和折中里起到了什么样的作用。我会在本章和第 10 章中详细阐述本我的所有这些特点。

本我总是和自我密切相关,其运作也与自我紧密共生。这两个结构彼此依赖。本我缺少自我拥有的组织能力和理性能力,而且,与自我不同,它无法识别心理外部的世界。因此,它只能通过自我的活动来表达自己。自我缺少本我的动机力量,因此,不管要达成任何事,自我都必须借助本我的力量。弗洛伊德在"自我是骑手,本我是马"这个著名的比喻中描述了本我与自我之间的紧密联系。当这个组合运作时,马提供了大部分的能量,骑手则制订了大部分的计划。但是,这个比喻也描述了他们之间的不合。想象一

---

① 弗洛伊德承认他借用了德国精神病学家乔治·果代克(Georg Groddeck)的术语。果代克用 das Es 来描述人类在未知的、无法控制的力量下"生活"着。弗洛伊德的这种用法与弗里德里希·尼采也有关系。尼采用 das Es 指代人类本性中那些受自然规律控制的成分。

下，如果骑手没能把马带向他想去的地方，会发生什么？如果骑手失败了，整个组合就会遇到麻烦。换句话说，如果自我失败了，人就会出现心理疾病。在本章和第 10 章中，我们会谈论本我（以及自我和超我）在心理中起到的作用。

出于某些原因，大多数当代精神分析从业者不太使用本我这个词了。首先，本我被定义为只由充满愿望的渴求构成，而没有任何超越初级过程的组织方式。因此，我们无法直接体验到本我的内容。我们只能观察到它在自我制造的折中里起到的作用，从而间接推断本我的存在。另外，本我和驱力与心理能量（psychic energy）这种说法是彼此关联的。弗洛伊德在谈论心理能量时，第一次描述了本我和驱力的概念。但是，心理能量这种说法遭到了精神分析内外的许多批评。换句话说，在心理结构模型中，本我被认为是心理的一个地方，它纯粹是由充满渴望的驱力能量构成的。正因为如此，即使是那些使用词语驱力这个词的理论家，也很少使用本我这个术语。不过，神经科学的研究在一定程度上支持了深层动机和奖赏的概念。这似乎对应了本我的某些方面。美国国家精神卫生研究所的研究领域标准（National Institute of Mental Health Research Domain Criteria）中提出了"正效价系统"（Positive Valence Systems）领域。它与本我这个概念也存在联系。当我们试图理解动机的某些重要方面时，本我（和驱力）的概念依然是有用的。

## 弗洛伊德的驱力理论

现在，让我们来看驱力这个概念。没有驱力，我们就不能理解本我。之前，我们已经说到，本我由性驱力和攻击驱力构成。驱力被定义为：源于躯体的某种动机力量的心理表征，是个体生物需要的产物。其实，弗洛伊德已经很好地定义了驱力——"一种介于心理与躯体之间的概念；是刺激的心理表征，这些刺激源于有机体内部，然后到达心理层面；因为心理和躯体彼此相连，所以，驱力也衡量了心理为能够运作所提出的要求。"驱力不断地给心理系统施加压力，持续刺激着心理活动。它是人类所有心理体验和活动背后的推动力量。人们常常混淆驱力和术语本能（instinct）。普通心理学把本能定义为物种特有的、由遗传得来的、无须学习的行为模式，而不是天生的动机力量。

驱力的概念来自哪里？最初，在心理地形学模型中，愿望迫使心理采取行动，其中大多数愿望是监察者无法接纳的。在结构模型中，这些愿望同样是自我无法接纳的。1905 年，在《性学三论》中一书，弗洛伊德整理了他对愿望的观察，提出了新的、更精密的驱力理论。驱力理论研究了驱力在心理发展、正常功能运作和心理疾病中起到的作用。同年，弗洛伊德构建了驱力理论。当时，心理地形学模型才问世不久，心理结构模型还没有出现。因此，驱力的概念横跨了两个模型，对两者都很重要。最初，在心理地形学模型中，弗洛伊德只提出了一种驱力，他称之为力比多（libido）。后来提出结构模型后，他增加了第二种驱力——攻击（aggression）。我们会看到，在后续版本的精神分析心理模型中，驱力的概念被修改了。例如，在第 11 章学习客体关系理论时，我们会看到其中的某些改良。自体心理学则根本没有使用驱力这个概念（在第 12 章中我会谈论这一点）。毫无疑问，动机不只包括性欲和攻击。人类心理中活跃着的也不仅仅是这两种力量。无论怎样，本书的目的之一是希望大家了解，虽然我们对动机的看法已经有所扩展，但是，驱力这个概念仍然是有用的。

## 性驱力

**力比多和心理性欲。**弗洛伊德用力比多命名了寻求性快感的驱力。力比多这个词源自拉丁文中的"愿望"或"渴望"。有时，与如今的我们一样，弗洛伊德用力比多指代性渴望或性欲望。但是，在精神分析心理模型中，术语力比多有个更特殊的用法——它等同于寻求性满足的驱力。力比多理论研究了力比多的起源、变形和影响。在谈论力比多理论时，附录 1 也许可以帮助读者对其有更好的理解。几乎所有人都觉得，弗洛伊德认为"我们所做的每件事都是因为性"。通过说明力比多是什么，我们可以解释人们为何觉得弗洛伊德满脑子都是性，更重要的是可以解释弗洛伊德真正的想法是什么。

为了理解力比多的意思，我们需要先了解弗洛伊德所说的性欲（或者他所称的心理性欲）指的是什么。在弗洛伊德看来，性欲的意义远不止于两个成人之间的性交。他把心理性欲等同于人类对躯体感官快乐的寻求，包含了各种各样的形式。在他看来，每个人从出生时就立刻开启了这种寻求之旅。这反映了一种追求躯体快感的先天倾向。躯体快感附属于有机体的生存需要。而每个发展阶段的生存需要都不同。例如，在婴儿早期时，对躯体快感的寻求集中在嘴部或口腔周围，这可以保证婴儿找到食物；然后，快感寻求集中在肛门（和尿道），这确保了儿童会排便和排尿；最后，快感寻求集中在外生殖器上，这保证了儿童（或青少年）开始对自己的生殖器感兴趣，并最终用它们进行性交，繁衍下一代。换句话说，在整个发展过程中，对躯体快感的寻求有多种不同的形式，这取决于在各个人生阶段最重要的内容是什么。

在本章中，我会更详细地谈论口欲、肛欲和生殖器期。根据力比多理论，所有阶段的快感寻求都是由同一种驱力推动的。这种驱力被称为力比多。换句话说，当弗洛伊德谈到性欲时，他的意思远不仅仅是成人的性交。我们可以说，弗洛伊德坚称"我们所做的一切都是出于性兴趣"这种说法是正确的。但是，如果我们说，弗洛伊德坚称"我们所做的一切都是出于对性交的兴趣"，那么这种说法就是错误的。在弗洛伊德看来，性交只是力比多运作的一种表现形式。它太过狭义，无法包含心理性欲指代的全部内容。我们会看到，在理论发展的早期，弗洛伊德确实用力比多的概念解释了一切（从成人性行为到神经症和性格，再到文化）。实际上，力比多理论就是弗洛伊德早期的"万物理论"。这让大多数人把弗洛伊德与性联系到了一起（见附录 1 "力比多理论"）。

**心理性欲的发展阶段。**现在，让我多解释一下力比多是如何发展的。按照力比多理论，力比多发源于一系列动欲区（erotogenic zone）。动欲区的发展遵循着天生的成熟序列。它们是口欲区、肛欲区、阳具区和生殖器区。每个动欲区都会持续地要求被满足。于是，心理会创造出愿望，然后幻想这些愿望会怎样被满足，并最终计划如何获得满足。这些计划被称为力比多的目标（libidinal aim）。力比多的目标反映了各个动欲区对一系列心理性欲期的影响（它们也被命名为口欲期、肛欲期、阳具期，以及俄狄浦斯期/生殖器期）。每个孩子都要度过这些心理性欲阶段。当弗洛伊德描述他所称的阳具（phallic）期/区时，他使用了阳具这样的名字。这是因为他相信，男性和女性都只感知到同一种（男性的）外生殖器。后来，由于理论上的修改，这一阶段被重新命名为前生殖器期（early genital phase）。（读者若想进一步了解弗洛伊德在女性发展观上的问题，可以阅读第 7 章"俄狄浦斯情结"。）力比多的目标可能指向孩童自己的身体［自体性欲（autoerotic）］或另一个人［客体寻求（object seeking）］。由于在正常孩童的发展过程中，父母或其他照料者会刺激到孩子的动欲区，所以照料者总会成为孩童力比多目标的首个力比多客体（libidinal object）。

　　力比多运作的第一个证据就是，婴儿在吮吸母亲的乳房或自己的手指时（即口欲期），会表现出明显的快乐和满足。在年幼儿童的活动中，我们也能很容易地观察到他们对肛门和生殖器满足的快感寻求。例如，玩自己的粪便（在肛欲期），喜欢显摆自己的生殖器（在前生殖器期/阳具期）。前生殖器期/阳具期之后是生殖器期/俄狄浦斯期，它反映了孩童对照料者的性欲/情爱兴趣（正如我们在第 7 章中看到的）。实际上，我们会看到，俄狄浦斯情结是弗洛伊德构建的第一个关于婴儿性欲的剧本，具有很高的地位，但是，它不是孩童发展中的第一个阶段。口欲期、肛欲期和前生殖器期（阳具期）通常被统称为前俄狄浦斯（preoedipal）发展阶段。前俄狄浦斯和俄狄浦斯发展阶段通常被统称为婴儿性欲。俄狄浦斯期之后是潜伏期，它是一个比较平静的时期——压抑的力量一直牵制着性驱力，直到青春期激素发生变化，使性驱力再次变得重要起来。在比较晚的发展阶段（青春期和成人期），为了生殖繁衍，力比多的众多方面或成分将最终汇聚在一起。

　　虽然力比多的目标最初附属于物种的生存需要，但是，它们很快就独立出去了。通过复杂的变形，它们变成了有自主权的、强大的动机源。它们会持续地产生刺激，使心理不得不做出回应。换句话说，与俄狄浦斯情结一样（见第 7 章），所有阶段的力比多目标都不会消失。它们会继续活跃在成人的心理中，影响后续的心理体验和活动。首先，我们发现，有明显的证据表明，口欲区、肛欲区和前生殖器（阳具）区影响了成人的性活动和前戏。如果婴儿性欲被完全压抑，我们会看到性抑制（见附录 1）。但是，我们最常见到的是，早年的心理性欲阶段以伪装的形式发挥影响力。其实，力比多理论最吸引人的一个地方就在于，它提醒我们——看似与性无关的行为背后可能隐藏着性快感。许多神经症症状用伪装的形式表现了被禁止的性幻想。例如，难以吞咽或进食的癔症症状可能反映了吸吮阴茎的幻想，与触摸有关的强迫仪式可能反映了自慰上的冲突（见附录 1 "力比多理论"）。

通过升华和反向形成的过程，婴儿性欲不仅可以变形为神经症症状，还可以进入性格特质中。升华和反向形成是弗洛伊德在讨论性格发展时首次描述的新防御。在升华（sublimation）中，被禁止的愿望脱离了最初的目标，转向了社会价值更高的目标。例如，一位"贪婪的读者"可能通过热爱阅读，满足他想吞咽食物的口欲愿望。在反向形成（reaction formation）中，被禁止的愿望变形成了它的反面。例如，玩粪便所伴随的肛门快感可能变形成一种性格特质，如过度追求整洁、强迫性地讲究秩序等。如果某个人表现出的症状或性格特质反映了某个阶段的强烈影响，我们通常会说，他固着（fixation）在这个阶段上。固着的起因可能是个体在某个阶段遭受了过度的刺激或剥夺。如果某人觉得晚期发展阶段的快感是可怕的或被禁止的，他也许会用早期阶段的快感替代晚期的快感，这时，我们会说，他表现出了退行（regression）的迹象。例如，一位女性总是在星期五晚上和丈夫争吵，因为"他不帮她打扫浴室"。这可能是退行——专注于肛门期的困扰，从而避免出现生殖器 / 俄狄浦斯水平的性行为。卡尔·亚伯拉罕（Karl Abraham, 1877—1925）把性格类型划分为口欲的、肛欲的、前生殖器的 / 阳具的以及生殖器的。我们至今还在使用这种分类方法。如果某人异常迷恋于被照料或被养育，或者过度饮食，以此寻找满足或快感，我们会说他有口欲性格（oral character）。如果某人"吝啬、循规蹈矩、顽固不化"，我们会说他有肛欲性格（anal character）。最后，我们常遇到某些人，他们过度热衷于夸大地展示其生殖能力，却对恋爱没有多大的兴趣。我们可能会认为这些人有阳具自恋性格（phallic narcissistic character）。在第 10 章（"冲突与折中"）里，我将深入阐明性格这个概念。我们会讨论自我心理学如何改进了上述的早期理论。然后，在第 11 章和第 12 章中，我们将看到，客体关系理论和自体心理学的进展更大程度上改进了性格的概念。在本章的后面部分，我们会看到，弗洛伊德如何继续用力比多理论解释了文化本身的各个方面（见附录 1 "力比多理论"）。

## 攻击驱力

虽然一开始，弗洛伊德试图用力比多驱力的表达来解释攻击想法和攻击行为，但最终，他修改了自己的动机理论，加入了另一种独立的驱力——攻击驱力。弗洛伊德这样做的原因是，他在临床上观察到一些患者，他们的攻击动力似乎是最明显的。另外，他还目睹了第一次世界大战期间席卷欧洲的战争。当弗洛伊德提出结构模型时，他表明，作为一种人类心理中的动机力量，攻击驱力与力比多具有同等重要性。虽然理论家们仍在争论攻击驱力在多大程度上是天生的（或者与此相反，是对挫折的反应），但是他们都同意攻击是心理生活中无处不在的力量。

攻击可以表达为多种形式，既有正常的，也有病理性的。这些表达的强烈程度各不相同——从自我决断和掌控，到恼火、愤怒和怨恨，甚至是勃然大怒、公然施虐、战斗和杀气腾腾的狂怒。和力比多一样，攻击的"目标"也可以表达为口欲、肛欲或生殖器 / 阳具的形式。例如，在口欲期，攻击可能表达为啃咬和撕裂；在肛欲期，攻击可能表达为控制权的争斗；在前生殖器 / 阳具期，攻击可能表达为希望通过展示生殖能力来支配他人。我们可以在我们的日常话语中找到前俄狄浦斯攻击的残留物。攻击常常出现在某些习语中，如"咬人般的讽刺"。许多发展心理学家已经探索了攻击在童年期是如何表达的。很多研究者也探讨了影响攻击强度的因素，如早年经历中的强烈痛苦、剥夺、丧失、虐待、被迫顺从、过度刺激及性虐待等。

与力比多类似，攻击也受到压抑的制约，而且通常会以伪装的形式表达出来。伪装常见的例子有玩笑或看上去无害的恶作剧。另一个例子是被动攻击行为（passive aggressive behavior），它通常包括了拖延，这种拖延会妨碍他人达成目标。攻击也可以转向自身（turned against the self），就像自我厌恶那样（见附录2"防御"）。极端形式的自我厌恶可能表现为自残或自杀。与力比多类似，攻击也在性格风格中起到了一定的作用。例如，攻击可以被升华成主动性和雄心，以及在道德正义上的强烈要求。我们也可以在一些日常活动中观察到攻击，如某些有组织的体育运动、军事服务、警卫工作，当然也包括医疗实践。让我们再举个心理病理学中的例子——有些人会把自己的攻击投射到别人身上。偏执型人格就是围绕这种投射组织起来的。最后，在众多类型的严重心理疾病中，攻击同样起到了至关重要的作用，如边缘型人格障碍者、性欲倒错者和暴力狂等。

## 在结构模型中，驱力（本我）对心理病理学和治疗作用理论的贡献

理解每位个体如何寻求躯体快感，以及如何表达攻击，这对心理动力学治疗具有重要的作用。本我的要求是所有心理疾病的病因之一。因此，所有心理动力学治疗都必须探索患者如何体验、应对其最原始的冲动。我们既要探索冲动是如何通过幻想得到表达的，也要探索任何固着点和/或退行点。患者产生阻抗（或者不愿了解自己）的原因之一是对性冲动和攻击冲动的幻想。另外，当患者寻求表达这些冲动时，他常常会转向治疗师。换句话说，每个心理动力学治疗都包含了下述的重要部分：探索为了满足力比多愿望（或者为了表达攻击冲动）而产生的移情愿望。在第10章中，当谈到冲突和折中的概念时，我会更多地阐明力比多和攻击在正常心理生活和心理疾病中所起的作用，以及这些力量是如何在临床情境中得到表达的。

## 人类动机中驱力的作用

结构模型中的驱力理论存在很多问题。其中最明显的问题就是，我们不再认为人类苦苦应对的只有两种动机力量——性和攻击。实际上，我们很难只用这两种冲动的变迁来解释人类的所有行为。在第四部分中，我会考虑其他的动机（如依恋需要、分离需要等）以及各种类型的自我提升需要。在第11章和第12章中，我们会看到，客体关系理论和自体心理学是如何描述这些动力的。另外，当代心理动力学家知道，虽然我们对动机的看法已经变得更加复杂了，但是，要想建立一个完整的动机理论，就必须有广泛的、跨学科的对话，包括各种类型的心理学、神经科学、进化生物学、社会科学及政治科学。

虽然把动机理解成驱力有一定的局限性，但是，这种看法仍然具有许多贡献。对于人类的动机，临床工作者已经通过观察总结出了三个重要结论，方便我们对其进行谈论。三个结论分别是：（1）某些类型的渴望似乎在持续压迫着人类；（2）人类表达渴望的形式有很多种且可以互相替代；（3）人类的某些渴望似乎源于躯体。下面我们会逐一讨论这三个观察结论。

第一，驱力这个概念很好地描述了人类心理中具有的某样东西，它看起来像一种持续、有需求的力量，致力于达成自己的目标。换句话说，人类的动机似乎不是一种偶尔出现的或断断续续的力量。恰恰相反，它好像是持续存在的。另外，看起来，人类的动机常常是急迫的，它总是在寻求满足。驱力很好地刻画了渴望的这个方面。它强调，有些动机力量会持续、专横地压迫人类，让人类进行某些心理活动。在持久、反复、稳定的性格特质和生活模式中，我们可以看到人们为满足这种要求所做出的努力。实际上，人格中某些最基本方面的背后就是对快感的持续追求。这些方面的例子包括"生机"感、活力感，或者享受并接纳"生活的趣味"等。过度抑制这种快感追求可能导致呆板、压抑或"死气沉沉"的感觉。人格中某些基本方面的背后也隐藏着想要表达攻击的持续愿望，如主动、果敢和活跃等。同样，过度抑制这种愿望可能导致过分顺从或被动（在第10章中有个男性的例子。他明显地压抑着自己的攻击性。我们将看到，在他的身上，这种被动是如何表现出来的）。

第二，驱力这个概念也很好地描述了人类表达渴望的形式有很多种且可以互相替代。弗洛伊德扩展了性这个概念，使它不局限于成人的性交。这是他在理解人类心理上做出的最具革命性的贡献。弗洛伊德提出，虽然存在各种迥然不同的现象（如专注于吮吸、排便和生殖器等），但其背后是同一种驱力——力比多。于是，他断言，孩童寻求快感的行为是个连续体，而且孩童寻求快感的行为与成人寻求快感的行为也位于一个连续体上。成人的这类行为包括一些性活动，如前戏、性交、反常性活动（通常被称为"性欲倒错"）等。既然我们认为这些各式各样的行为都源于同一种动机力量，它们当然就可以互相替代。假如个体觉得某种寻求快感（或表达攻击）的方式是无法被接纳的，那么，这种替代就会出现。快感寻求和表达攻击可能把自己伪装成表面上与性（或攻击）无关的行为，包括症状（在神经症人群中）和性格特质（在所有人中）。最后，寻求快感和表达攻击可能把自己伪装成能被文化所接纳的活动，如艺术、科学或宗教活动。换句话说，诸如婴儿性欲和攻击、成人性欲和攻击、性欲倒错、神经症症状、性格特质、文化活动等各种现象，表面上看起来毫不相关，实际上彼此关联，都体现了伪装后的力比多或攻击，或者更常见的是两者的结合。弗洛伊德指出，彼此无关的各种现象之间是相似的。人们因此认为，他的想法是具有革命性的。但是，这也让弗洛伊德的观点充满争议。而今，人们依然难以接受下面的观点：孩童有性愿望；"正常"性欲与"倒错"性欲之间的界限是武断的；性格特质与文化活动的起源可能是性和攻击（见附录1"力比多理论"）。

第三，驱力的概念使我们能够讨论心身之间的重要联结。正如我在第1章（"概述：为心理生活建立模型"）中提到的，精神分析心理模型有个特点——强调具身（embodiment），这对其他心理科学具有重要的意义。具身的观点认为：在本质上，心身之间的联结塑造了心理；或者说，身体从根本上决定了心理的性质。动机的驱力理论坚称，心理中的所有动机力量都源于躯体需要。换句话说，身体体验（如动欲区的体验）生成、塑造了本我。实际上，结构模型坚称，自我同样是由它与身体之间的连接所塑造的。例如，之前我们已经看到，人们会用与躯体有关的词语来表达攻击。当我们使用比喻时，躯体确实给我们提供了"思维的原材料"。下面，我会谈到，就连超我也是由它与身体之间的关系塑造的。

## 超我

在心理结构模型中，超我是心理的一部分，通常被称为道德感。本我体现了心理生活中寻求快感的方面。与此截然相反，超我体现了心理生活中关注道德的那些方面。超我包含了一系列价值观和理想。它们是我们用来衡量自己的标准，被称为自我理想（ego ideal）。超我也包含了一系列禁忌和要求，它们指导着我们的行为。超我主要是在无意识中运作的，但是，通过简单的内省，我们可以轻易观察到超我的许多衍生物。确实，在追求目标和判断对错时，大多数人都能觉察到自己的大部分体验和感受。

如果我们达成了超我持有的理想，那我们会产生幸福感和自尊感。换句话说，我们会觉得自己不错。如果我们没能达成理想，或者违反了超我的禁忌，我们会产生痛苦的自卑感——羞耻感（shame）（"别人觉得我是坏人"的感受）或内疚感（guilt）（"我觉得自己是坏人"的感受）。超我也规定了不好的想法或行为的惩罚措施。有些惩罚是明显的，如安慰或赔偿受害者，也有些惩罚是经过伪装的，它们参与形成了症状、性格特质和其他活动。羞耻感、内疚感和自我惩罚行为是自我调控所独有的方面。实际上，弗洛伊德常说，最能把人类与其他动物明确区分开来的，就是心理运作中的超我方面。

在结构模型（以及超我的概念）提出之前的很长一段时间里，道德这个概念在地形学模型中承担着重要的角色——监察者会把某些无意识愿望判定为是"无法被接纳"的，我们可以从这里看到道德的运作。但是，地形学模型只是模糊地定义了道德。它把道德大致等同于社会提出的禁令，它们通过父母的权威一代又一代地传递下去。在结构模型中，更加复杂的道德观取代了之前模糊的描述。结构模型认为，超我的发展是个复杂的过程，涉及心理体验的若干方面，包括孩童内化父母的期望、要求和威胁；孩童根据这些期望、要求和威胁组织构建起某些原始的幻想；孩童管理、利用自身的攻击愿望。上述这些都是用来监管自体的。

最初，超我被认为在俄狄浦斯期的末尾阶段出现并且体现了以下两者的混合：儿童内化的父母禁令，以及儿童自身指向竞争性父/母的攻击。正如弗洛伊德所说，超我是"俄狄浦斯情结的继承者"。但是，当代心理动力学实践者大多认为，超我并非在俄狄浦斯期首次出现。在此之前，儿童已经拥有了许多或正性或负性的经验和感受。它们在道德思维的发展中起到了一定的作用。俄狄浦斯期只是对这些经验和感受进行了重要的巩固。当代心理动力学理论借用了发展心理学家的观察结果，把超我的发展追溯到婴儿与照料者之间的情感交流上。这种交流在出生后就立刻开始了。18～36个月大的孩子已经内化了一些超我功能，如共情他人、对错误行为的情感反应、亲社会行为和态度，以及努力解决道德难题的能力等。其他理论家则强调超我在后续人生中的发展和变化。无论如何，与照料者之间关系的内化显然是超我得以形成的部分原因。这预示了下一个心理模型——客体关系理论（见第11章）。该理论认为，在建立所有心理结构的过程中，人际关系的内化过程都起到了核心的作用。

## 超我与孩童的心理

因为超我发展于童年期，所以，孩童不成熟的心理在超我中留下了印记。例如，超我是在我们与父母的互动过程中发展起来的，因此它从未完全摆脱其类人的性质。我们常常把道德感体验为一种内心的"声音"或"眼睛"，且在监察、评判我们的行为。我们也常常觉得道德感无所不在、无所不知，就像我们对父母曾有过的感觉一样。实际上，我们对待道德感的方式经常与对待父／母一样。我们会与它讨价还价，试图隐瞒它，或者诱惑它。超我也包括了一些原始的非理性元素，它们对应着孩童的幻想生活。例如，我们的理想通常远远高于现实中能达成的目标。这一事实既反映出我们怀念婴儿期的全能感，又反映出我们希望保留童年时期对父母的理想化看法。

对评判和惩罚的恐惧也是原始、非理性的。它们包括了害怕被阉割、被残害或被抛弃。这些都对应着儿童最强的恐惧。与父／母的一般行为相比，这些威胁通常更残暴。这一事实反映出，儿童自身未经驯化的攻击幻想进入了超我中。超我的衍生物常常是彼此矛盾的，因此，我们不可能达到所有的标准。例如，由于俄狄浦斯情结的持续影响，许多男性都挣扎在彼此冲突的两种要求之间。这两种要求都源于超我——既要成为父亲那样的成功男性，同时又害怕太像父亲会带来惩罚。换句话说，不管我们怎么做，超我本身的特点就决定了我们很难对自己百分之百地满意。

因为认识到超我中这些古老又原始的方面，所以我们经常把道德感描述得像动物一样，或者用含有动物的比喻来谈论道德感。让我们想一想《匹诺曹》(Pinocchio)这本书，木偶匹诺曹的道德感化身成了"蟋蟀杰米尼"。人们可能抱怨自己的道德感"像只蚊子般嗡嗡作响"，或者觉得道德感在"啃"或"咬"自己。我们知道，在马和骑手的比喻中，弗洛伊德用马来描述本我，以此展示了本我与自我之间的关系。我们毫不意外地看到，他用本我代表了我们的"动物性"。但是，可能让我们感到意外的是，人们也会把超我描述成动物。我们经常把本我和超我比喻成动物，这让我们更清楚地理解了为什么弗洛伊德说本我和超我是彼此紧密关联的。他的意思是，本我和超我具有同样的童年期的原始起源，超我中融入了来自本我的攻击。实际上，弗洛伊德认为，我们会把自己的攻击转向自身，以道德的形式来监管、控制自己。这是他对心理学研究做出的另一个重大贡献。

## 在结构模型中，超我对心理病理学理论做出的贡献

正常情况下，在发展过程中，超我会变得更加去人格化、更温和、更现

实，从而形成一系列连贯一致的、可以追求的理想。我们能够比较好地达成这些理想，同时可以合理地自我监察、自我控制。在病理性的情况下，超我可能是薄弱的，几乎没有形成体系，从而导致精神病态和犯罪行为。超我也可能是过于严酷、施虐的，从而造成过度的自我惩罚或道德死板。我们可以在下列形式中看到自我惩罚：自残或自杀行为、抑制快感、抑郁，以及所有类型的受虐。几乎每种性格风格都存在着超我病变，包括弗洛伊德曾描述过的那些著名"类型"。例如，"被成功毁了的人"（这种人有强烈的无意识内疚感，他们惩罚自己的方式是在即将取得成功前摔倒），"例外者"（这类人觉得他们经历了不公平的人生，承受了太多的苦难，所以无须遵守通常的道德标准），"内疚感驱使下的罪犯"（这类犯罪者有强烈的无意识内疚感。通过犯罪，他们可以被逮住，获得惩罚）。在第 10 章中，我会阐述冲突与折中的概念，更多地了解超我（和本我）是如何在正常心理生活和心理疾病中发挥作用的。

但是，我们需要知道，这里举的大部分例子都强调了超我严酷、惩罚的一面。实际上，就连弗洛伊德自己都大多关注着道德感负向的、惩罚的一边，几乎没有谈及正向的一边。他很少从理论上说明超我含有更多爱意的那些方面，但这些方面是同样重要的。其他更近期的理论家，包括许多客体关系理论家，已经强调了充满爱意的超我的重要性，或者（正如我会在第 11 章中看到的），当我们做了正确的事后，大多数情况下，一个内化的好客体会让我们自我感觉良好。实际上，后面我将会谈到，客体关系理论如何影响了我们的心理病理学理论和心理动力学技术。到那时，我们将更多地了解到，在面对负面感受时维持一个好的内在客体这种能力是很重要的。当我们讨论自体心理学（第 12 章）的时候，我们会看到自我理想的概念如何得到了扩展。我们也会了解到，母亲与孩子之间的正向感受会带来目标和理想的发展。这些对于一个健康的自体来说是至关重要的。

## 在结构模型中，超我对治疗作用理论做出的贡献

心理动力学治疗师们花费了大量的时间，试图理解患者的超我是如何运转的。超我几乎影响每个人的思维、感受和行为，不论是大是小。在几乎所有类型的心理疾病中，非理性的超我要求，以及非理性的、彼此矛盾的理想都发挥了一定的作用。正如我们已经看到的，有时候，超我病变会主导心理疾病的表现，如受虐、抑郁及众多类型的抑制等。

因此，所有心理动力学治疗都必须探索患者对待道德的态度，他拥有什么样的理想，哪些情况会导致他的内疚感或羞耻感，以及哪些情况会给他带来自我满意感。我们也必须了解导致自我惩罚的情况。我们必须探索羞耻感、内疚感和自我惩罚的复杂后果。很明显，超我是在与照料者之间的关系背景中发展起来的。因此，它很容易被外化到权威人物身上，这其中便包括治疗师。当我们试图理解移情时，这一事实具有特殊的临床重要性，因为，治疗师经常被体验成对与错的裁决者，或者被体验为很可能会反对、原谅和评判患者。实际上，在比较早的时期，心理动力学治疗界有种观点认为，治疗师通常不会那么严厉、充满道德地对待患者的愿望。因此，随着时间推移，通过将其与治疗师之间的互动内化，患者的超我会逐渐得到修正。这也是心理动力学治疗看待治疗作用的最有影响力的早期观点之一。到了第 10 章，我们会更多地了解超我（和本我）如何在临床情境中进行表达，以及心理动力学疗法是如何通过帮助患者找到更好的办法在折中形成的过程中调整道德感，从而达成治疗效果的。

## 理解道德发展：普通心理学与认知神经科学的贡献

当代心理动力学实践者认识到，完整的道德理论（甚至说关于心理生活中任何重要方面的理论）需要来自众多学科的贡献，包括社会心理学、人类学、发展心理学等。哲学家菲利帕·福特（Philippa Foot）提出了一个著名的思想实验，名为"电车难题"。他让被试在一系列情况下选择是否采取行

动，拯救快要被电车轧死的人。该实验造就了整整一代"电车学家"，他们想用实验手段来研究人类如何处理对与错的问题。在一些与超我有关的研究中，社会心理学家们发现，如果让人们想象权威人物"在你的脑海中看着你"，那么他们的自尊感会更低；在一些与自我理想有关的研究中，社会心理学家们发现，人们的自尊是多变的，会受到情境的强烈影响，而且人们的行为是否符合自我理想会影响到他们的自尊。神经科学家们也对研究道德感兴趣。在一些脑功能和基因的研究中，神经科学家们提供了强有力的证据，证明对错感（或者缺乏对错感）有其生物基础。[关于道德规范的发展和运作，保罗·布鲁姆（Paul Bloom）所著的《还只是婴儿：善与恶的起源》(*Just Babies: The Origins of Good and Evil*）一书生动有趣地回顾了源自普通心理学和神经科学的证据。]

## 本章总结与核心维度表

表 9-1 展示了结构模型的核心维度表。在动机、结构 / 过程和发展的栏目下增加了一些核心概念。

**地形学观点**：本我被定义成是完全无意识的，超我既包含意识 / 前意识的方面，也包含无意识的方面。

**动机性观点**：本我是驱力——力比多和攻击的所在地。驱力是躯体需要或冲动的心理表征，它持续地对心理施加压力，要求得到满足。驱力的目标会表现成伪装后的形式。而且，这些形式可以互相替代。超我的目标包括了与道德有关的所有动机。

**结构性观点**：本我是心理的一个结构，它与人类有机体的生物需要之间有着最为密切的关系。它运转时会依照初级过程的运作模式，即寻求满足和快感，而不考虑后果。超我也是心理的一部分，通常被称为道德感。超我包括指导我们行为的禁忌和要求，也包括我们用来衡量自己的一系列价值观和理想，这些被称为自我理想。

**发展性观点**：力比多的发展会经历一系列先天确定的心理性欲阶段：口
欲期、肛欲期、前生殖器（阳具）期（以上构成了前俄狄浦斯期）、生殖器 /
俄狄浦斯期、潜伏期及青春期。前俄狄浦斯发展阶段和俄狄浦斯发展阶段通
常被统称为婴儿性欲。婴儿性欲有时可以表现为症状或性格特质，尤其是当
它们通过防御（如升华或反向形成等）得到变形时。症状和性格特质都证明
了固着（某个阶段对个体产生了巨大的影响）或退行（用较早阶段的快感替
代较晚阶段的快感）的存在。攻击同样经历了一些发展阶段。

虽然超我最初被认为是在俄狄浦斯期的末尾阶段出现的，但是，当代理
论家通常认为超我的发展从更早就开始了，俄狄浦斯期不是超我第一次出现
的时期。在此之前，儿童已经有了许多经验和感受，它们在道德思维的发展
中起到了一定的作用。俄狄浦斯期对它们进行了重要的巩固。另外一些理论
家相信，超我的发展和改变会持续整个生命全程。

**心理病理学理论**：本我的原始冲动（寻求躯体快感和表达攻击）是所有
类型心理疾病的病因之一。在病理性的情况下，超我可能是虚弱的，几乎没
有形成体系，从而导致精神病态和犯罪行为。或者，超我也可能是过于严酷
的、施虐的，从而造成过度的自我惩罚或道德死板。

**治疗作用理论**：所有心理动力学治疗都要探索本我（例如，为了满足力
比多愿望或表达攻击冲动而产生的移情愿望）和超我（例如，对待道德和理
想的态度，以及导致内疚感或羞耻感的情况）。

表 9-1 结构模型 2：本我和超我

| 地形学 | 动机 | 结构/过程 | 发展 | 心理病理学 | 治疗 |
|---|---|---|---|---|---|
| ➤ 自我、超我都有意识/前意识和无意识的方面<br>➤ 本我是完全无意识的 | ➤ 自我、超我和本我有不同的目标：<br>　■ 自我——动态适应平衡和适应<br>　■ 超我——道德命令<br>　■ 本我——驱力<br>　　* 力比多<br>　　* 攻击<br>➤ 因为有彼此竞争的目标，所以冲突是永远存在的 | ➤ 心理被分成三个结构：自我、超我和本我<br>➤ 自我<br>　■ 自我功能<br>　　* 防御<br>　　* 内化<br>　　* 认同<br>　■ 自我认同<br>➤ 超我<br>　■ 自我理想<br>➤ 本我 | ➤ 自我发展<br>　■ 埃里克森的发展阶段理论<br>　■ 超我发展<br>➤ 驱力（本我）的发展<br>　■ 心理性欲阶段 [口欲期、肛欲期、前生殖器（阳具）期、生殖器/俄狄浦斯期、潜伏期、青春期]<br>　■ 固着<br>　■ 退行 | ➤ 自我强健/自我虚弱是心理健康/疾病的一个指标 | ➤ 增强自我<br>➤ "本我在哪里，自我就应该在哪里" |

第 10 章

# 冲突与折中

**本**章将为读者讲解冲突和折中的概念，也会探讨防御的概念。我还会概述来自邻近心理科学的、与评估和防御有关的重要概念。本章介绍的新词汇包括：情感、性格、性格障碍、折中／折中形成、冲突、危险情境、防御、防御机制、防御风格、缺陷、自我不协调、自我协调、系统间冲突、系统内冲突、心智化、元认知、观察性自我、反思功能、信号情感／信号焦虑，以及躯体标记假说。

在第 8 章（"新装置、新概念：自我"）和第 9 章（"本我和超我"）中，读者已经了解到心理结构模型的三个成分：自我、本我和超我。我们已经从地形学的角度考察了每个成分，知道每个成分都有其无意识的方面。我们看到，在动机和结构上，这三个成分是彼此不同的。最后，我们也在一定程度上了解了其发展过程。因为结构模型起源于心理地形学模型，所以，这三个成分都继承了该模型的某些方面。本我在概念上近似于地形学模型中的无意识。自我和超我都包含了意识／前意识的方面，尤其是当我们考虑到监察者和防御的时候。

在本章中，我会阐述本我、超我和自我是如何一起运作的。虽然这些结构的目标彼此竞争，但是，自我制造的折中解决了它们之间的争斗。折中有很多种形式，包括症状、抑制及众多性格特质，不论是病理性的还是适应性的。本章也会考察冲突和折中的概念，探讨在结构模型看来，心理动力学治疗是如何起效的。

## 位于冲突中的心理

我们已经看到，精神分析心理模型从一开始就假设，人类有彼此竞争的想法和感受，每个人都在竭力应对着这种冲突（conflict）。心理地形学模型认为，我们可以在症状的形成中发现冲突。即使没有明显的心理疾病，我们也能在动作倒错、口误、梦及性格倾向中发现冲突。地形学模型描述了无意识与意识/前意识心理之间的冲突，心理结构模型则描述了本我与超我之间的冲突，它们在运行时都受到外部现实的限制。在结构模型中，自我负责调解冲突。在第8章（"新装置、新概念：自我"）中，我们把自我定义为心理的一部分，负责动态平衡和适应。在调解冲突的过程中，自我会履行这两种责任，既包括调节内部紧张的能力（动态平衡），也包括评估、处理外部现实的能力（适应）。

自我必须调解许多不同的冲突。有本我与超我之间的冲突［系统间冲突（intersystemic conflict）］——例如，某个男性可能希望像父亲一样强大（本我），但是，这种愿望或许会与内疚感（超我）相互竞争。有本我内部或超我内部的冲突［系统内冲突（intrasystemic conflict）］——例如，某位男性想取代父亲（本我），但是他又想爱父亲、被父亲喜爱（本我），这两种愿望会彼此竞争；或者，某个男性觉得自己应该在工作上十分成功（超我/自我理想），但是又觉得自己应该完全照顾到孩子的需要（超我/自我理想）。最后，本我或超我，或者这两者都可能与外部现实的要求之间产生冲突——例如，某位男性想要取代父亲（本我），但他意识到，父亲可以提供重要的知识，使他获得成功（外部现实）。虽然结构模型只把心理分成了三部分，但是，我们可以看到，动机力量是很多的，甚至可能是无限的。而且，动机的盘旋环绕也是极其复杂的。令问题更加棘手的是，动机力量无时无刻不在心理现实中运转，外部现实也从来不会消失。因此，心理始终位于冲突之中。

## 调解冲突与折中形成

在第 8 章（"新装置、新概念：自我"）中，我们描述了自我可以运用的许多功能。在本章中，我会考察自我如何运用这些功能调解冲突。结构模型假设了下面的事件顺序：（1）愿望和道德禁忌被唤起；（2）自我评估情境后把信息传递给自己；（3）防御被调用；（4）形成折中。上述过程既包含（有）意识的方面，又包含无意识的方面。

在上面的冲突调节过程中，我们至少会发现两种重要的自我功能：评估和防御。

### 评估：信号情感/信号焦虑

假如自我要调解彼此冲突的要求，它就必须能评估情境，或者能够理解正在发生什么。换句话说，自我必须能弄清各类情况中可能发生哪一种，或者知道施行各种动机的后果。例如，如果上面说到的那个男孩表达了想取代父亲的愿望，会发生什么呢？另外，如果他表达出自己需要父亲的爱，又会发生什么呢？

心理的评估系统是复杂的，普通心理学付出了很多努力，试图解释我们如何了解内部和外部世界中正在发生什么。在心理动力学观点下，我们用类似现实检验力（reality testing）的术语来描述个体理解外部现实的能力。我们也用心理感受性（psychological mindedness）、观察性自我（observing ego）、心智化（mentalization）和反思功能（reflective function）等术语来谈论个体理解内部心理过程的能力。当我们使用这些术语时，我们是在谈论自我功能或评估过程。它们在调解冲突中是很重要的。第 3 章（"动力性无意识的演变"）曾提到，普通心理学界的认知心理学家们正在研究他们所说的无意识扫描操作，或元认知。我们可以用这些评估过程监视自己的心理，从而在众多优先项之间做出选择。

然而，自我不仅会使用认知能力，还会运用情绪能力来评价、应对情境

（既包括心理内部的情境，也包括心理与外部世界之间的情境）。这种过程会利用情感或感受——即体验各种快乐和痛苦的能力，这些能力是基本的、天生就有的。下面，我们将解释评估系统的情感方面是如何运作的。

在发展过程中，孩童认识到，表达愿望有时会带来满足和快乐。例如，饥饿的孩童希望吮吸或进食，很多时候，他会获得食物，体验到满足和快乐。但另一些时候，这个孩子也会认识到，表达愿望会带来痛苦，其形式是失望和折磨。例如，饥饿的孩童希望吮吸或进食，但由于各种原因，他遭遇了挫折和痛苦。在整个生命过程中，快乐或痛苦的情感体验会伴随着每个愿望或目标，它们的形式会逐渐变得复杂、精细。

随着时间的推移，孩童学会了记住伴随着愿望的快乐或痛苦的体验，然后用这些记忆来决定如何处理愿望。从童年期开始，自我就评估着所有的愿望，比较着追求某个愿望可能带来的快乐程度与痛苦程度。在这样的评估过程中，自我使用了信号情感（signal affect）——从过去回忆起来的某种情感体验（或愉悦，或痛苦）被弱化后的版本。自我用各种愉快的情感（如快乐、满足、自豪等）来预示追求愿望将带来愉悦；也用各种负面的情感（如焦虑、羞耻、内疚等）来预示追求愿望将带来痛苦。如果自我接收到的信号是表达某个愿望将带来愉悦，它就亮起绿灯；如果自我接收的信号是表达某个愿望会产生痛苦，它就亮起红灯。因为彼此竞争的愿望之间几乎必然会产生冲突，所以自我需要找到折中点。折中的速度必须是很快的，因为，自我每时每刻都在急速做出与情境有关的决策。另外，动机有很多，并且它们源自心理的许多部分。如果我们还记得之前的这个知识点，那么我们就会认识到，评估过程是很复杂的。在评估系统中，情感是一种十分有效的成分，因为它们可以迅速、有力地传递许多信息。情感之所以有效的另一个原因是，它们能够调动防御。

当弗洛伊德首次描述评估系统时，他关注的是以焦虑为形式的痛苦体验，认为自我用信号焦虑（signal anxiety）来评价各种结果、做出决定。一些危险情境（danger situation）会激发所有人类的焦虑。弗洛伊德描述了这些危险情境的一般发展顺序，它们包括：失去重要客体、失去客体的爱、阉割焦虑，以及最后的超我否定或内疚感。随着精神分析心理模型的发展，其他人也扩展了典型焦虑的列表。他们补充了分离焦虑、陌生人焦虑以及迫害性焦虑和抑郁性焦虑（见第 11 章，"客体关系理论"）。弗洛伊德有些悲观，这可能是他强调焦虑和不愉快的部分原因。实际上，在讨论超我时，我们已经看到过，弗洛伊德很少强调积极的方面。不过，有研究表明，与愉快的体验相比，我们对负面体验的记忆更强，所以，也许弗洛伊德强调负面体验的做法是合适的。虽然弗洛伊德强调评估系统中的痛苦情感，但是，其他理论家们强调，自我会用积极的感受来表示我们的走向是正确的。例如，自我使用的好感受来源于知道我们"在做正确的事"，或者觉得追求愿望是安全的。发展心理学家们也强调，在成年人使用的评估系统的形成过程中，兴趣、好奇、愉悦和自豪等积极感受发挥着重要的作用。

许多人指出，精神分析模型中的信号焦虑与普通心理学学习理论中的习得性期望（learned expectation）之间有些相似之处。另外，奖赏系统决定了我们的许多行为。认知神经科学用大量证据证明，在该系统的形成过程中，脑的不同部位发挥了重要的作用。[1]认知神经科学也大量研究了各种脑结构的功能，例如，杏仁核在产生恐惧中发挥的作用，以及恐惧信号在决定行为中的重要性。读者若想了解既采用积极情感又采用消极情感的评估系统，可以参见达马西奥的躯体标记假说（somatic marker hypothesis）。躯体标记假说认为，躯体会产生弱化后的情感体验，它们在调控心理生活中发挥着核心的作用。躯体标记假说与心理结构模型中的信号情感假说十分类似。躯体标记假说是一个重要的例子，它再次说明了在认知神经科学（和精神分析）看来，心理的某些重要方面是具身的（见第 1 章"概述：为心理生活建立模型"）。

---

[1] 也见美国国家精神健康研究所的研究领域标准，"正效价系统"领域、"负效价系统"领域和"认知系统"领域。

## 防御

在几乎所有情况下，自我都必须处理彼此竞争的动机之间的冲突。每种动机会通往不同的预期后果，通常涉及害怕某种不愉快的感受。这时，精神分析心理模型中最重要的概念——防御就会加入进来。对我们来说，防御不是一个新概念。从一开始，弗洛伊德就与之前的研究者产生了分歧。他坚称癔症症状的起因不是脑疾病（或神经退行性障碍），而是"推动防御的力量"。后来，他从研究癔症转向了研究所有人。弗洛伊德认为，压抑把心理分成两个区域。他的地形学模型的基础是心理不同领域之间的冲突。地形学模型强调压抑这种防御。确实，在这个模型中，防御和压抑通常是可以互换的。在心理结构模型中，我们会发现，防御这个概念变得越来越复杂，在心理运作中也变得越来越重要。下面，我们会解释防御是什么。

防御是指用来避免体验到痛苦感受的任何无意识心理策略。心理能够使用无数种这样的策略，任何想法、感受或行为都可以用于防御。另外，防御不仅可以针对愿望，也可以针对任何可能引发不愉快感的心理活动，包括思维、记忆、行动及感受本身。防御操作总是混杂在一起。它们从童年早期就开始运作，然后持续整个生命全程。发展心理学家们已经尝试描述了防御在时间顺序上的发展过程。每个人都会使用防御。防御在正常功能运作和心理疾病中都起到了重要的作用（见附录2"防御"）。

有些防御是转瞬即逝的。当短暂的情境可能要激起痛苦时，个体会调用这些防御。例如，刚被诊断出致命疾病的人，通常会使用被称为否认（denial）的防御，但他们在其他情况下可能是很现实的。另一些防御形成了持久的模式，这些防御可能在相当长的时间里持续运作。例如，有种被称为与攻击者认同（identification with the aggressor）的防御：个体会采用之前折磨自己的人的行为，从而变被动为主动（turn passive into active），以此避开弱小、疼痛和无助感所激发的痛苦。另一种可以长期运作的防御是利他型放弃（altruistic surrender）。例如，有位害羞的少女，她把所有精力都放在帮助闺蜜发展恋爱关系上，目的是为了避免觉察到自己的危险竞争感。每个人都会发展出一些长期的、相对稳定的防御模式。

虽然任何心理体验都可能起到防御的作用，但是，人们通常会使用许多明确的防御机制。读者已经熟悉的防御机制可能包括压抑（repression）、反向形成（reaction formation）、升华（sublimation）、转换（conversion）、移置（displacement）、投射（projection）、隔离（isolation）、抵消（undoing）、否认/不承认（denial/disavowal）、分裂（splitting）、否定（negation），以及转向自身（turning against the self），这些都是弗洛伊德首先描述的。安娜·弗洛伊德增加了内摄（introjection）、理想化（idealization）、禁欲主义（asceticism）、理智化（intellectualization）、利他型放弃（altruistic surrender），以及与攻击者认同。梅兰妮·克莱因增加了原始理想化（primitive idealization）、投射性认同（projective identification），以及修复（reparation）。另一种著名的防御机制被称为服务于自我的退行（regression in the service of the ego）。附录 2 提供了上述以及其他防御机制的定义和示例。

普通心理学也提出了类似的概念，如动机性遗忘（motivated forgetting）、应对机制（coping mechanisms）、归因偏差（biased attribution）、防御性不注意（defensive nonattending）、补偿机制/过程（compensatory mechanisms/processes），以及保护倾向（safeguarding tendencies）。这意味着普通心理学正在与精神分析的防御概念发生融合。精神分析内部以及认知和社会心理学的许多研究者已经用实证手段研究了防御。例如，有些研究者开发了可以客观可靠地测量具体防御的研究工具。另一些研究者考察了在各种情境下防御是如何运作的。例如，有研究表明，防御的概念在各文化中都适用，但会随性别的不同而不同，也会在治疗中发生改变。克拉默（Cramer）回顾了我们已有的知识——防御如何发展、运作和改变，以及防御的评估方法。最后，认知心理学家们用实证手段研究了防御，神经科学家们也开始关注防御的生物基础。

## 运作着的冲突和折中：一个例子

根据心理结构模型，本我、超我和外部现实之间存在彼此竞争的要求。个体的每个体验（不管是大是小）都体现了在这些要求之间的折中。当自我评估了情境，调动防御使情境可以应对后，它下面的任务便是制造折中。我之前已经略微解释了冲突的调解系统，以及折中形成是如何运作的。现在是时候举个例子了。

A 博士是一位 28 岁的未婚医生。他每周见 B 博士两次，参与心理动力学治疗。他的主诉是，每当他对女性有情爱兴趣时，都会感到强烈的焦虑要压垮自己。另外，A 博士的性格是怯懦到近乎谄媚的，尤其是在面对"权威形象"时。他虽然有很高的智商和技能，但在职业上却没有得到晋升。

参与治疗几年后的一天，当 A 博士前来治疗时，他看到 B 博士在街道另一边走向她自己的办公室。A 博士刚好在治疗师之前到达办公室门口。在等待的时候，他突然幻想自己大声斥责 B 博士来晚了。在他的心中，这些斥责伴随着愤怒和嘲笑的想法。当他们在门口见面时，A 博士立刻"忘记了"之前愤怒和嘲笑的想法。他表现得俯首帖耳，向 B 博士微微鞠了个躬，然后提出要帮她拎包。在这个过程中，他的手机掉在地上摔坏了。

结构模型可以如何帮助我们理解这个故事呢？自我的任务是调解本我、超我和外部现实之间彼此竞争的要求，在它们之间制造折中。换句话说，A 博士的行为必须能满足他的愿望，让超我的衍生物满意，而且达到外部现实的要求。A 博士立刻无意识地评估了自己愤怒的想法，认为它们可能会破坏自己与 B 博士之间的关系。于是，他用压抑和反向形成防御了这种危险。另外，他以一种顺从、迎合的姿态，把攻击转向了自身。从 A 博士在门口的行为中，我们可以看到他对自己攻击性想法的恐惧，对它们的防御以及对自我惩罚的需要。他的奉承行为也满足了他的攻击愿望。除此之外，我们还可以瞥见 A 博士被禁止的愿望——想与 B 博士发生浪漫的亲密接触。他帮 B 博士拎包时，感到了与她之间的亲近。这些愿望也因此获得了部分满足。其实后来，A 博士十分焦虑地向 B 博士 "忏悔"：他曾幻想对她骂脏话。由此我们可以看到，攻击本身可能是对性愿望的防御，它们都在这个极其模糊的措辞中得到了表达。原来，A 博士害怕，如果自己公开表达对 B 博士的性欲和情爱想法，就会受到比摔坏手机更严重的惩罚。

为了探索 A 博士的感受和想法，A 博士和 B 博士仍然有很多工作要做。他们需要理解这些感受和想法，理解 A 博士对它们产生的恐惧和防御，它们之间的互动，以及它们的起源。但是，这个小故事让我们第一次领略了冲突是怎样导致折中的。在本章的后面部分中，我们会考察结构模型如何能够帮助我们理解心理动力学治疗的效果。那时我们还会回到 A 博士的案例上。

## 冲突和折中对结构模型的贡献

### 冲突和折中对心理病理学理论的贡献

结构模型告诉我们，所有行为和体验都体现了折中。折中有很多种形式，其中包括某些类型的心理病症。结构模型对心理病理学研究做出了重大的贡献。这与地形学模型相比是一个进步。在第 8 章讨论自我时，我们了解到，通过运用结构模型，我们可以从自我明显缺陷的角度考察神经症症状。在本章中，我们发现，我们可以分析症状所揭露的折中，从而考察症状。这些折中是个体制造的。它们可能适应良好，也可能适应不良。另外，我们也会看到，结构模型把神经症的概念扩展到了没有明显症状的心理病症，也就是表现为性格（character）问题的心理疾病。

#### 性格的概念

性格被定义为个体稳定、持久的行为、态度、认知风格和心境。它也包含了个体自我调控、适应和与人交往的典型模式。与该术语的日常用法不同，在精神分析模型中，性格并不特别强调道德价值观（虽然涉及对与错的特质是每个人性格的一部分）。简而言之，每个人都有自己的性格，或者说性格风格。A博士不是偶尔而是很多时间都表现得顺从权威。因此，我们说他的性格特点十分怯懦，甚至到了消极被动的地步。

性格这个概念大致等同于心理学家和精神科医生（尤其是使用DSM系统者）通常所说的人格（personality）。它们之间的主要区别是，精神分析界所使用的性格概念，把个体功能运作的外部表现与精神分析心理模型联系在了一起。当我们定义性格这个概念时，我们很快就会发现自己所使用的术语与结构模型是紧密联系的，如自我调控、适应和自我。实际上，对性格最好的定义大多认为，自我在调解本我、超我与外部现实之间的冲突时，会有其稳定的、习惯的解决方法，性格就体现了这些解决办法。

在第9章（"本我和超我"）中，我们简要了解了性格的第一个概念。该概念是由西格蒙德·弗洛伊德和卡尔·亚伯拉罕发展出来的。他们认为，性格反映了某个动欲区——口欲、肛欲或前生殖器（阳具）的强大影响。但是，当从自我的角度来定义性格时，我们所使用的策略就会成功得多。实际上，20世纪50年代，在自我心理学界，研究性格是一项蓬勃发展的专题。当时，精神分析家们提出了许多关于性格运作、分类和发展的理论。当代理论家强调性格形成中的许多因素，包括与照料者之间的互动、父母的性格特质和理想、家庭风格、文化或社会、生物天赋、气质、认知风格、心境，以及早年的丧失或创伤。但是，性格这一概念本身仍然关注着自我的功能运作。

个体稳定的防御风格（defensive style）是其性格的一个重要特征。刻板的防御风格是造成性格病症的原因之一，特定的防御策略关联着特定的性格类型。例如，我们通常认为，癔症型/表演型性格的特点是使用压抑和躯体化的防御。我们认为强迫型性格的特点是使用反向形成、隔离、理智化和抵消。我们认为偏执型性格的特点是使用投射。在第11章中，当我叙述客体关系理论时，我们会看到理论家们如何把特定的防御与心理疾病联系在一起，包括神经症性、边缘性和精神病性心理疾病（参见附录2"防御"）。到了第12章的自体心理学时，我们会看到自体这个概念如何影响着性格的形成。

### 性格障碍

虽然性格这个术语本身并不暗示着健康或疾病，但是，如果某人性格中的不灵活、不适应达到一定程度，他就可能被诊断为有性格障碍（character disorder）。传统上，病理性人格特质与症状之间的区别在于：病理性人格特质被体验为自体的一部分［自我协调（ego-syntonic）］，而症状则被体验为与自体格格不入［自我不协调（ego-dystonic）］。

如果性格涉及在现实检验力和社交判断、抽象思维、情感耐受或冲动控制方面的虚弱，那么，我们就会认为它是病理性的。如果性格强势地干扰到享受快乐的能力，我们也会认为它是病理性的。有些防御策略被认为比其他策略更健康，或者说更适应，因为它们要自我运作付出的"代价"较小。例如，我们认为利他主义和幽默是高水平的防御，因为它们不会削弱现实检验力。投射和否认则被认为是低水平的防御，因为它们确实歪曲了对现实的体验（见附录 2 "防御"）。

### 自我缺陷的理论：防御与亏缺

有两种主要的理论解释了自我缺陷。第一个理论认为，适应不良地使用防御造成了自我缺陷。例如，某人害怕表达俄狄浦斯奋争会带来报复和惩罚。他可能会限制一切形式的主动性，在自我运作的很多领域发展出严重的抑制，以此来防御俄狄浦斯奋争。第二个理论认为，先天的生物因素或环境因素（如剥夺）造成了亏缺（deficit），自我缺陷是亏缺的结果。例如，某个患者之所以主动性低，可能是因为他有被动的气质。另一位患者可能难以体验到快乐，因为他还是孩子时经历了太多的剥夺，以至于他仅仅是无法辨识出积极的感受。实际上，临床医生们经常会争论某种自我缺陷的起因是防御还是亏缺。例如，患者之所以感到糊涂困惑，是因为她在心中制造混乱，防止自己觉察到痛苦，还是因为她仅仅只是不能理解发生了什么？另一位患者漫不经心的原因是为了防止觉察到痛苦，还是某种形式的注意力缺陷障碍？

在第 11 章中，我们将看到防御与亏缺之争的一个著名例子——对边缘性心理疾病病因的争论。在第 12 章中，当我们探讨科恩伯格与科胡特看待自恋问题的不同观点时，我们会看到另一个著名的例子。不过，在思考自我缺陷的起因究竟是防御还是亏缺时，大多数当代心理动力学从业者不会只采取其中一种观点。他们知道，必须从多种视角理解心理疾病，治疗也需要综合多种途径。

## 冲突和折中对治疗作用理论的贡献

探讨了结构模型如何能够帮助我们理解心理疾病后，接下来我们会看到，这个新模型也对精神分析治疗理论做出了重要的贡献。结构模型使我们的治疗目标变得更为复杂。在地形学模型中，治疗成功的目标是使无意识意识化，从而提升自我觉察，同时让我们能够更理智地评价愿望。但是，在结构模型中，成功的治疗不仅要把无意识心理生活带进觉察范围，还要提升自我的强健度。如果我们更好地理解了这一目的，我们就能更好地理解弗洛伊德的名言——"本我在哪里，自我就应该在哪里"。

在心理动力学治疗的过程中，治疗师和患者会利用治疗设置，来探索自我在调解冲突时制造的折中。分析防御（defense analysis）指的就是探索自我制造折中的方式。折中不仅表现为症状和性格倾向，还表现为治疗情境中患者的行为方式。在治疗设置中，当患者防御愿望、冲动、感受、恐惧和幻想的浮现时，我们会探索患者惯用的防御模式。这为我们考察患者的自我在日常生活中习惯于采取什么样的防御模式和冲突解决办法提供了重要的线索。实际上，对于运用结构模型的治疗来说，其特色之一就是治疗师尤其强调阻抗的方法和原因，而不是仅仅强调被挡在外面的那些东西。患者惯用的许多冲突解决模式也同样表达在移情中，或者说表达在患者对治疗师的体验中。例如，下面这位女性在每次的治疗中，每当她对治疗师的性幻想浮现出来时，她就会变得幼稚、无助又健忘。这体现出她使用了压抑和退行——癔症型 / 表演型性格风格的典型防御。之前我们也看到，每当 A 博士的攻击幻想或性幻想浮现出来时，他就会变得过于礼貌，对治疗师毕恭毕敬。这意味着他使用了强迫型性格风格的典型防御——反向形成和情感隔离。

童年时自我使用的一些冲突解决策略到了成年期就不再适应了。许多上述的惯用防御模式体现出，童年期使用的冲突解决策略持续到了成年期。在心理动力学治疗中，患者和治疗师会探索这些过时的策略。在此过程中，患者会发展出新的情感耐受和现实检验的自我功能。这使患者可以尝试新的冲突解决办法，使用更加适应的防御方式。例如，一位长期自我挫败的女性可能会在治疗中了解到，她深藏有针对蛮横母亲的攻击幻想。无意识中，她为自己的攻击幻想而感到内疚。另外，她还害怕母亲"权威形象"的报复。出于这些内疚感和恐惧感，她毁掉了自己的成就。如果这位患者能够更好地忍受恐惧感、内疚感和愤怒感，更现实地看待她想象中的"罪恶"以及她所面对的危险，她就能够接纳生活中更高的成就。虽然冲突和防御是永远不可能消除的，但是，心理治疗会帮助患者找到新的、自我惩罚更少的折中来调解彼此竞争的愿望、恐惧和环境约束。同时，心理治疗也会帮助他们产生更多的快乐，更好地适应当前的生活现实。让我们举个例子说明。

参与心理治疗后，A 博士学会了接纳自己对女性的敌意感，以及对果敢表现性欲的恐惧感。这种更大程度的接纳使他能够享受与妻子之间互相满意的关系。他也能够在工作中取得更大的成就。他最终成为一名成功的整形医生，且其大部分患者都是女性。他残留的攻击和无意识施虐欲也在该职业中得到了表达。

## 本章总结与核心维度表

表 10-1 展示了结构模型的核心维度表。在动机、结构 / 过程、心理病理学和治疗的栏目下增加了一些关键概念。

**地形学观点**：冲突和折中大部分是无意识的。

**动机性观点**：所有动机都处于冲突中。冲突的来源有很多，包括自我、本我和超我的不同目标。冲突也包括了试图避开危险情境——会使所有人产生焦虑的具体情况。

**结构性观点**：自我为了调解本我、超我和外部现实之间的冲突，产生了折中形成。为了制造折中，自我会运用它的许多评估和防御能力（防御是指用于避免体验到痛苦感受的任何无意识心理策略）。评估（appraisal）是一种信息系统，是折中形成的一个重要部分。评估会使用信号情感（也被称为信号焦虑）——一种从过去回忆起来的情感体验（或快乐或痛苦）的弱化版本。性格是指个体稳定持久的行为、态度、认知风格和心境。重要的是，性格这个概念也包括了个体调解冲突的典型模式。

**发展性观点**：与心理的许多方面一样，折中也有其发展历程。在某个人生阶段可能具有适应性的折中，到了后面的阶段或许就不再适应了。危险情境同样有其发展历程，性格也是如此。

**心理病理学理论**：我们认为，某些防御策略比其他策略更健康，或者更具适应性，因为它们让自我运作付出的"代价"较小。适应不良的折中（maladaptive compromise）会导致症状和性格障碍。研究者们常常争论应该如何理解自我缺陷的起因，它们是适应不良地使用防御造成的，还是源于先天生物因素或环境因素带来的亏缺。不过，对于防御与亏缺之争，大多数当代心理动力学从业者不会只采取其中一种立场。他们认识到，必须从多种视角理解心理疾病。

**治疗作用理论**：探索折中（包括探索冲突和防御的性质）是所有心理动力学治疗的一个重要部分。

表 10-1 结构模型 3：冲突与折中

| 地形学 | 动机 | 结构/过程 | 发展 | 心理病理学 | 治疗 |
|---|---|---|---|---|---|
| ➤ 自我、超我都有意识和前意识和无意识的方面<br>➤ 本我是完全无意识的 | ➤ 自我、超我和本我有不同的目标：<br>　■ 自我——动态平衡和适应<br>　■ 超我——道德命令<br>　■ 本我——驱力<br>　　* 力比多<br>　　* 攻击<br>➤ 躲避危险情境<br>➤ 因为有彼此竞争的目标，所以冲突永是永远存在的 | ➤ 心理被分成三个结构：本我、自我、超我和<br>➤ 自我<br>➤ 自我功能<br>　* 防御<br>　* 内化<br>　* 认同<br>　* 信号情感<br>　■ 折中形成<br>　■ 自我认同<br>　■ 性格<br>➤ 超我<br>　■ 自我理想<br>　■ 本我 | ➤ 自我发展<br>　■ 埃里克森的发展阶段理论<br>➤ 超我发展<br>➤ 驱力（本我）的发展<br>　■ 心理性欲阶段 [口欲期、肛欲期、前生殖器（阴具）期、生殖器/俄狄浦斯期、潜伏期、青春期]<br>　■ 固着<br>　■ 退行 | ➤ 自我强健/自我虚弱是心理健康/疾病的一个指标<br>➤ 不适应的折中可能会造成性格障碍<br>➤ 心理病理学理论防御与冲突之争 | ➤ 增强自我<br>➤ 探索冲突、防御和折中<br>➤ "本我在哪里，自我就应该在哪里" |

第四部分

# 04

## 客体关系理论和自体心理学

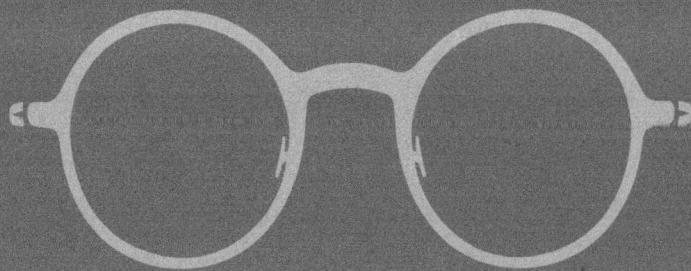

CHAPTER

# 第 11 章

# 客体关系理论

本章将向读者介绍客体关系理论。首先，我将概述这一心理模型的基本主张，将其与之前的模型相对比。其次，我会讨论一些著名的客体关系理论，指出它们与邻近学科和研究领域的相似与交叠之处。最后，我会阐述客体关系理论对心理病理学和治疗的贡献。本章介绍的新词汇包括：成人依恋访谈、依恋、依恋行为系统、依恋理论、边缘性人格组织、共造体验、容纳者／被容纳、矫正性情绪体验、反移情、抑郁性焦虑、抑郁心位、分化、嫉妒、足够好的母亲、抱持性环境、身份认同弥散、个体化、依恋的内在工作模型、人际、基于心智化的治疗、中年危机、满足需要的客体、客体、客体恒常性、客体关系、迈向客体恒定性、偏执心位、部分客体、迫害焦虑、心位、实践、和解、和解危机、表征、图式、制造精神分裂症的哺育、自体恒定性、分离、分离-个体化、陌生情境、治疗联盟、移情焦点治疗，以及完整客体。

20世纪20年代早期，弗洛伊德提出了结构模型。此后近半个世纪，在美国心理健康领域，结构模型与自我心理学共同引领了心理动力学的思想。但是，到了20世纪六七十年代，许多理论家渐渐明白，最好用自体和他人的内在表征，而不是自我、本我和超我结构之间的冲突，来描述某些行为和许多心理状态。发展心理学家们也越来越清楚地认识到，对于许多之前被归属于自我的心理能力，我们最好把它们理解为是在婴儿-照料者基质中发展出来的。正是在上述两种进展之间，客体关系理论出现了。

## 客体关系理论：术语和概念

客体关系理论用自体和他人的内在表征来建立心理模型。当使用客体（object）这个词时，精神分析理论家们通常描述的是另一个人。客体关系（object relation）被定义为一种心理构型，它由三个部分组成：自体表征、客体表征以及两者之间充满情感的互动的表征。表征（representation）这个词在精神分析中的用法约等于认知心理学中的图式（schema）。它们都意指"有组织的、持久的思维模式"。当我们使用客体关系（object relation）这个术语时，我们指的是心理表征。换句话说，我们必须区分客体关系和人际关系。人际关系指的是个体与外部世界中另一个人之间的互动。术语客体关系经常被错误地等同于人际关系。

客体关系理论试图理解自体和客体表征在童年期如何发展，如何在一生中得到维持，如何影响其他结构和动机，如何被其他结构和动机所影响，以及如何影响心理运作和行为。客体关系理论的基本信条或许可以被总结为以下几点。

- 客体关系大多是无意识的。
- 人类从出生起就在寻求客体，客体寻求不能被简化为任何其他动机。
- 客体关系组织了所有的心理现象（从最短暂的体验到最稳定的结构）。
- 婴儿与客体世界之间的互动会被内化，客体关系由此逐渐演化。与照料者之间的互动和先天因素（包括情感倾向和认知能力）彼此交融。客体关系就从这种融合物中发展出来。
- 人际关系反映了内在客体关系。最好从客体关系障碍的角度来理解心理疾病，尤其是严重的心理疾病。

客体关系理论把客体关系置于心理生活的中心。它强调了这样的事实——心理生活是在社会环境或人际环境的背景中发展起来的，而且也适应了这样的环境。

## 客体关系理论与地形学和结构模型

在整个写作生涯中，弗洛伊德一直使用客体这个术语。实际上，不管是地形学模型还是结构模型，它们的所有方面都涉及理解客体的作用，包括那些与动机、结构、发展和心理病理学 / 治疗有关的方面。例如，在讨论俄狄浦斯冲突时（见第 7 章"俄狄浦斯情结"），我们看到，早年的客体（包括父亲和母亲）对孩子的心理发展是很重要的。介绍驱力理论时（见第 9 章"本我和超我"），我阐述过，几乎所有形式的力比多和攻击（除了那些自体性欲的）都需要通过客体来获得满足。在讨论结构模型时，我们自始至终都会看到，自我和超我是如何在与照料者的互动中发展起来的。另外，一些危险情境在调解冲突中有着重要的地位。在这些危险情境的发展序列中，失去客体（或者失去客体的爱）是一种重要的恐惧（见第 10 章"冲突与折中"）。最后，所有心理模型的治疗作用理论都强调，移情可以揭示心理的一些重要方面。所以，之前的心理模型与客体关系理论之间有相当数量的重叠也就不足为奇了。实际上，我们要记住，从定义上来说，维持稳定的、现实的自体和客体表征是一种自我功能。换句话说，我们可以这样来理解客体关系理论：客体关系理论是一种心理模型，它尤其关注那些负责发展和维持客体关系的自我功能。

下面，我们会简单比较一下客体关系理论与心理结构模型的一些基本信条，这或许可以帮助我们厘清客体关系心理模型与之前的模型有什么不同。

- **地形学观点**——在客体关系理论中，客体关系大多被认为是无意识的。但是，在结构模型中，本我被定义为是无意识的，自我和超我被认为既包含了无意识方面，又包含了意识 / 前意识方面。

- **动机性观点**——按照客体关系理论的看法，对客体的寻求不能被简化为对躯体快感和攻击快感的寻求（这是结构模型所坚称的）。换句话说，我们之所以寻求与母亲的依恋，并非因为她是快感的来源，而是因为我们追求依恋本身。愿望和驱力也许是心理生活中的重要动机，但是，它们必须一直内嵌在自体和客体的表征里。

- **结构性观点**——在客体关系理论中，体验的基本单元是一种组合物，即客体关系。它不是由愿望与禁忌之间的冲突构成的（这是结构模型的看法），而是包括了自体表征、客体表征以及这两者之间的互动。不仅仅是超我，所有心理结构都是由客体关系组成的。

- **发展性观点**——客体关系理论认为，在心理发展的所有方面，婴儿与母亲之间的互动都占据着核心的地位，而不仅仅是超我（这是结构模型提出的观点）。与俄狄浦斯互动相比，对于心理发展来说，涉及母婴关系的前俄狄浦斯互动是同等重要的。在前俄狄浦斯发展期，孩子应当建立起稳定的客体关系。这是俄狄浦斯期发展的必要前提。换句话说，与结构模型相比，客体关系理论更强调前俄狄浦斯期。

- **心理病理学理论和治疗作用理论**——客体关系理论主要通过客体关系障碍来理解心理疾病，而非通过俄狄浦斯冲突/神经症（正如结构模型所做的那样）。对于治疗作用的机制，客体关系理论提出，患者-治疗师的关系本身带来了改变。这与结构模型的看法截然不同。结构模型认为，诠释带来了洞察，继而带来了改变。接下来，我还会详细阐明，客体关系理论在心理病理学和治疗作用方面对精神分析理论做出了怎样的贡献（见"客体关系理论和成人心理病理学"和"客体关系理论和心理动力学治疗"两节）。

## 客体关系理论的诞生

克莱因、马勒、鲍尔比和科恩伯格都是最重要的客体关系理论家。在本章中，我也会简要介绍比昂和温尼科特的理论。到了第 12 章，当谈到自体心理学时，我还会提到他们两位的理论。这些理论家各自强调了客体关系理论的不同方面。

## 安娜·弗洛伊德：满足需要的客体

1939 年，弗洛伊德逝世后，精神分析心理模型开始朝几个不同的方向发展。这些新方向重视心理生活中客体和客体关系的地位，因此在很大程度上与弗洛伊德主义的模型不同。安娜·弗洛伊德这个弗洛伊德最小的孩子忠诚于父亲的心理结构模型。同时，她也与孩童们一起工作，研究防御，从而拓展了这一模型（后来被称为自我心理学）。虽然安娜·弗洛伊德没有使用客体关系这个术语，但是，她关注心理的发展，也因此研究了童年期的客体关系。安娜·弗洛伊德在其作品中描述了个体的自然发展过程——从依赖客体到依靠自己。她提出了正常儿童发展的一系列可预期阶段：自体与客体表征未分化的早期阶段；客体被体验成用来满足需要（need-satisfying）的阶段；以获得客体恒定性（object constancy）为标志的阶段（即使在面对愤怒感时，也能维持稳定的客体表征）；俄狄浦斯期，其标志是围绕竞争和独占的冲突；青春期，其标志是青少年努力寻找非乱伦的新客体。下面，我将深入阐述满足需要的客体（need-satisfying object）和客体恒定性这两个重要的概念。

## 梅兰妮·克莱因：偏执和抑郁心位

几乎在安娜·弗洛伊德工作的同时，梅兰妮·克莱因（Melanie Klein，1882—1960）提出了一种非常不同的理论。该理论持续地影响着精神分析的心理模型。克莱因的理论被认为是第一个真正的客体关系理论。[①] 克莱因认为，超我的发展源于孩童与照料者之间互动的内化。基于这种观点，她提

---

① 不过，客体关系理论（object relations theory）这个术语本身是由克莱因的学生罗纳德·费尔贝恩（Ronald Fairbairn）提出的。

出，内化导致了自体和客体表征的形成，也构建了整个心理。下面，让我更多地讲一下克莱因的理论。

在克莱因的理论中，她描述了年幼孩童的感受和思维。这些感受和思维会影响客体关系的发展。例如，如果年幼的孩童把客体体验为"坏的"，那么，这种"坏"体验的原因一半是孩童把自身的愤怒想法和感受投射到了客体表征上；另一半是客体身上真正具有一些坏的特点。同样，如果年幼孩童把客体体验为"好的"，那么，这种"好"的原因是孩童把快乐满足的体验投射到客体上以及客体自身的好的特点两者的结合。克莱因的客体关系理论认为，孩童会努力应对体验中好的方面和坏的方面。这将带来孩童内心世界的发展。我们可以看到，克莱因继承了西格蒙德·弗洛伊德的驱力（力比多和攻击）概念。但是，在克莱因的理论中，个体与他人之间的关系是体验驱力的背景。

在处理这些好的体验和坏的体验的过程中，每个孩童都需要度过克莱因所说的心位（position）。它们类似于西格蒙德·弗洛伊德和安娜·弗洛伊德所说的发展阶段。心位是指自体和客体表征的稳定构形，包括偏执心位（paranoid position）[也被称为偏执-分裂心位（paranoid-schizoid position）]和抑郁心位（depressive position）。愿望、想法和感受以及孩童与照料者之间的互动共同影响、造就了这种构形。在克莱因看来，成功发展的定义是"能够容忍指向同一个客体的、彼此冲突的爱与恨"。这体现为个体发展从偏执心位过渡到抑郁心位。

偏执心位是最早的心理组织。它的特点是，把体验中好的（满足的、充满爱的）方面和坏的（挫败的、攻击的）方面分裂开；同时，用投射和投射性认同把体验中坏的方面投射到客体上。分裂（splitting）和投射/投射性认同（projection/projective identification）可以保护好的自体和好的客体，让它们远离愤怒的、敌意的感受（下面当我们谈论有边缘性疾病的患者时，我会更多地阐述分裂和投射性认同）。在偏执心位，孩童害怕自己处于被坏客体摧毁的危险中，坏客体存放了孩童投射出去的自身的所有攻击。另外，孩童自身的嫉妒体验也威胁着他，嫉妒体验同样会被投射到客体上。换句话说，偏执心位的标志是迫害焦虑（persecutory anxiety）。

在正常发展的过程中，在支持性的母性照料和没有太多挫折的背景下，孩童会开始迈向抑郁心位。在这样的过程中，孩童会发展出特定的能力——能够容忍朝向同一个客体的、彼此冲突的爱与恨。因此，他也就无须用分裂和投射性认同来应对坏的体验。在抑郁心位，客体虽然会被孩童体验成自己所爱的、所需要的，但同时，孩童也会害怕自身的愤怒感受可能威胁到客体。换句话说，抑郁心位的标志是抑郁性焦虑（depressive anxiety）。但是，孩童会发展出新的能力——感恩客体。同时，孩童也会越来越坚信，嫉妒可以被克服，关系中的伤害可以被修复。这些使孩童确信，爱能够超越恨，充满爱意的关系能够维持下去。

### 童年期主要的发展挑战：安娜·弗洛伊德与梅兰妮·克莱因的两种观点

如果我们停下来比较梅兰妮·克莱因与安娜·弗洛伊德的观点，我们就会看到，克莱因认为孩童面对的主要发展挑战是，整合指向客体的、彼此冲突的感受，而安娜·弗洛伊德认为，孩童面对的主要发展挑战是，从客体那里相对独立出来，内化规则与调节，形成强健的自我。这两位理论家也有其他的分歧。实际上，弗洛伊德去世后，安娜·弗洛伊德与梅兰妮·克莱因都在英国居住和工作。她们各自与其追随者一道跟彼此斗争，试图主导、影响精神分析界。这是精神分析史上的一段传奇。而今，我们不必再局限于她们的冲突之中。我们对心理的看法可以汲取这些理论中的精华。

### 威尔弗雷德·比昂和 D. W. 温尼科特：容纳者/被容纳、足够好的母亲以及抱持性环境

梅兰妮·克莱因的学生中有两个其他的英国精神分析师：威尔弗雷德·比昂（Wilfred Bion，1897—1979）和 D. W. 温尼科特（D. W. Winnicott，

1896—1971）。通过母亲的照料行为——包括抚慰和言语表达［或者比昂所称的神游（reverie）］，婴儿混乱的、无法忍受的体验会被转化成更能忍受的东西。于是，孩童可以成功地从偏执心位过渡到抑郁心位。在比昂的术语中，婴儿混乱的体验必须被容纳（contained），母亲是这些体验的容纳者（container）。比昂的理论明显暗示了治疗作用理论，本章后续部分我们还会讲到这一点（见"客体关系理论和心理动力学治疗"一节）。在第12章（"自体心理学"）中，我会回顾比昂的理论，讨论容纳的母亲如何能帮助孩子发展出情感耐受能力及其他的关键能力。

温尼科特提出的客体关系理论也描述了婴儿与他人建立关系的能力，这种能力是在与母亲的互动中发展起来的。温尼科特提出了足够好的母亲（good-enough mother，为婴儿提供最佳数量的抚慰和挫折）和抱持性环境（holding environment，由"足够好的"照料者创造出来）的概念。他也因为这些概念而著名。孩童要想发展出特定的能力——能够体验到对客体的关心（concern for the object），而不是仅仅把客体当作坏体验的投射处，抱持性环境是必需的。与克莱因类似，温尼科特也认为，成功的发展体现为孩童能够整合指向客体的爱与恨。但是，与克莱因不同的是，温尼科特强调（比昂也是这样），上述成就的取得有赖于环境，母亲在提供良好的环境中起到了重要的作用。

在本章的后续内容中，我们会考察抱持性环境这一概念对心理动力学治疗中治疗作用理论的贡献（见"客体关系理论和心理动力学治疗"一节）。在第12章中，我还会详细阐述温尼科特的思想。他认为，对于心理发展的很多方面来说，婴儿与母亲之间的互动都是重要的。例如，发展出真实的自体感，以及发展出游戏、幻想和内心富足的能力。[1]

---

① 温尼科特与克莱因一起做的研究极大地影响了他。温尼科特在英国工作的时候正是安娜·弗洛伊德与梅兰妮·克莱因论战之时。在他的帮助下，英国中间学派成立了，该学派后来也被称为独立小组。

## 玛格丽特·马勒：分离–个体化

与此同时，美国有位名叫玛格丽特·马勒（Margaret Mahler，1897—1985）的精神分析家。她观察了年幼孩童及其母亲，并以这些观察为基础，做了许多重要的工作。虽然马勒认为，自己的理论继承了自我心理学和结构模型的传统，但是，她的思想既来源于安娜·弗洛伊德，又来源于梅兰妮·克莱因，而且极大地帮助我们理解了孩童与照料者之间的互动。她最重要的思想是分离–个体化（separation-individuation）过程，这也是她得以闻名的原因。

马勒的理论认为，分离是一种心理过程，指的是孩童形成一种与客体表征不同的或分离的自体表征。个体化也是一种心理过程，指的是孩童发展出独特的性格特征，自体因此不仅变得与客体不同，而且变得独一无二且具有自主性。在马勒看来，分离–个体化过程发生在孩童9个月到4岁。马勒描述了分离–个体化过程的四个亚阶段：分化（differentiation）、实践（practicing）、和解（rapprochement），以及迈向客体恒定性（on the way to object constancy）。她也提出了两个更早的其他阶段：自闭阶段（从出生到2个月）——婴儿对外部刺激没有反应；共生阶段（2～9个月）——婴儿依恋母亲，却幻想自己与母亲融为了一体。许多研究质疑了自闭阶段和共生阶段。这些研究指出，即使是最小的婴儿也拥有高度发展的能力——他们可以与外部世界建立联系，也可以分辨自体和客体。[①] 不过，马勒对分离–个体化

---

① 如今，我们已不再使用马勒的自闭和共生发展阶段。它们体现了某些心理动力学理论中存在的常见且严重的问题，即认为成人心理疾病反映了早期发展阶段的困难。马勒提出，自闭发展阶段中的困难造成了"自闭型精神分裂症"，而共生发展阶段中的困难造成了"共生型精神分裂症"。马勒在该领域中的工作与心理动力学理论建设中一些最有害的错误有关。这些错误认为，精神病性患者的苦难应该怪罪有问题的或者"制造精神分裂症的"母亲养育。然而，我们不再认为精神分裂症反映了母婴互动中的困难。另外，我们已经看到，研究者也不再认为婴儿在生命的第一个月中是"自闭的"或"共生的"。重新考察这些错误（以及其他错误）让我们警醒，理论建立者们需要避免"起源学谬误"——认为现在的功能运作反映了发展中的（尤其是父/母与孩子互动中的）困难（见第7章"俄狄浦斯情结"。该章讨论了思考女性发展和同性恋时所犯的错误）。

的看法经受住了时间的考验。

按照马勒的理论，分离-个体化过程始于分化亚阶段（6～9个月）。在这个亚阶段，婴儿开始对其周围的环境产生更多的兴趣，而且开始与环境互动得越来越多。婴儿频繁使用社会性微笑，出现陌生人焦虑。这些暗示着他与母亲之间的关系已经牢固地建立起来了。

在实践亚阶段（10～15个月），婴儿会离开母亲，享受自己新发展出来的能力——爬行和走路，以此尝试与母亲拉开距离。在这个亚阶段，孩童会以越来越远的距离探索逐渐扩展的世界，但是，他依然需要母亲提供情绪补给（emotional refueling），尤其是当孩童疲惫或沮丧时。实践亚阶段的特点是全能感和狂喜感，因为孩童似乎"热恋着这个世界"。

实践亚阶段之后是和解亚阶段（15～24个月）。在和解亚阶段，孩童开始认识到，自己是与母亲分离的个体，从而体验到彼此冲突的感受。在这个亚阶段，孩童开始感到越来越脆弱，常常表现出强烈的分离焦虑。在面对更加脆弱和焦虑的感受时，孩童会回到母亲身边，而且通常是以强烈要求的、控制的方式。同时，孩童的依附行为也会唤起自己的恐惧——害怕失去刚获得的分离和独立。想依赖母亲与想独立自主之间产生了冲突，造成了和解危机（rapprochement crisis）。和解危机伴随着愤怒和敌意感，也伴随着心境的强烈波动——全能感和脆弱感交替变化。确实，在与和解发展阶段的年幼孩童相处一段时间后，任何人都会明白为什么这个阶段被称为"可怕的两岁"。

## 客体恒定性的重要性

马勒把分离-个体化的最后一个亚阶段称为迈向客体恒定性。客体恒定性（object constancy）是精神分析心理模型中最重要的概念之一。它的定义是，在面对挫折感、愤怒和失望时，能够对母亲（或任何其他人）维持略为积极的感受。与之有关的一个概念是自体恒定性，它的定义是，在面对失败或自尊威胁时，能够维持积极的自体表征。客体恒定性的前提是获得客体恒常性（object permanence）（通常在孩童6个月大时获得）。客体恒常性的定义是，即使客体不在知觉觉察范围内，个体仍然能够维持客体的表征（不管客体是有生命的，还是无生命的）。人们常常混淆客体恒定性（一种情绪能力）与客体恒常性（一种纯粹的认知能力）。马勒从自我心理学派的同事安娜·弗洛伊德和海因兹·哈特曼那里借用了客体恒定性这个术语。该术语由海因兹·哈特曼创造，用来描述那些稳定、持久地"独立于需要状态的"客体表征。换句话说，我们已经看到，在获得客体恒定性之前，客体被体验成满足需要，或者说，客体的存在只是为了满足婴儿的需要。在克莱因的术语中，满足需要的客体是部分客体（part object）。这意味着孩童只体验到（而且只表征了）关系的一个方面。完整客体（whole object）与之相反，它被体验成是完整的，或者说整合了该客体的所有特点（既包括好的方面，也包括坏的方面）。与克莱因类似，马勒也认为，孩童要能整合母亲的坏表征与好表征。这样，即使母亲做了让孩童感到挫败的事情，她这个客体仍能保留自己是个"好人"的身份。这时，孩童就获得了客体恒定能力。换句话说，马勒的分离–个体化的最后一个阶段约等于克莱因描述的抑郁心位。

　　虽然马勒认为，正常的 3 岁孩童已经相当牢固地建立了客体恒定性，但是，她把分离–个体化的最后这个阶段称为迈向客体恒定性。这反映出她觉得获得客体恒定性是一个终生的过程。克莱因也认为，客体恒定性的获得在整个人生中是时起时落的。虽然在她看来，成熟意味着从偏执心位过渡到抑郁心位，但是，这两种心位在每个人身上都是波动起伏的。实际上，克莱因认为，退回到偏执心位通常是一种防御。它防御无法忍受的抑郁性焦虑，或者防御特定的恐惧——害怕自身的攻击会毁灭客体。

　　事实上，在整个生命过程中，每当任何事件造成我们与所爱的人分离，或者使我们产生脆弱感和愤怒感时，我们的客体恒定性都会受到持续的威胁。其实，任何强烈的感受都可能威胁到客体恒定性。这些威胁的明显例子包括：青春期（通常被称为"第二次分离–个体化"），此时，我们面临的挑战是离开家庭，寻找新的认同对象；为人父母，此时，拥有孩子会给我们带来许多感受；中年危机（midlife crisis），此时，我们会面临的现实是生命不会永远持续下去；此外，还有许多其他威胁。当我谈到客体关系模型对精神分析心理病理学和治疗作用理论做出的贡献时（见本章后面部分"客体关系理论和成人心理病理学"与"客体关系理论和心理动力学治疗"两节），我们会看到，客体恒定性的概念（包括没能取得客体恒定性和自体恒定性）是所有严重人格障碍的根基。

## 约翰·鲍尔比：依恋理论

当安娜·弗洛伊德和梅兰妮·克莱因为争夺西格蒙德·弗洛伊德的衣钵而打得难分难解，玛格丽特·马勒在纽约城研究婴儿和母亲时，英国精神分析家约翰·鲍尔比（John Bowlby，1907—1990）也正在发展一种不同的、以客体关系为基础的理论，即依恋理论。依恋理论是关于早年发展的另一种理论，它的基石是研究照料者与婴儿之间的互动。鲍尔比把依恋（attachment）定义为"人与人之间持久的心理联结状态"。依恋理论的核心假设是，婴儿拥有与照料者建立依恋的动机。这种动机是人类心理天生具有的特点，由进化的压力或物种的生存需要所支配。对依恋的寻求优先于对满足力比多的寻求，前者不能被化简为后者。

鲍尔比提出，婴儿与母亲之间有一种天生的依恋行为系统（attachment behavioral system）。这种系统使依恋动机得以实现。他识别出调节婴儿与母亲之间距离的依恋行为系统的五个成分：吮吸、微笑、黏附、哭泣和追随。当婴儿感到压力时（不管是由内部刺激引起的，如饥饿感，还是由外部刺激引起的，如母亲的心不在焉），依恋系统会被激活，婴儿会寻求与母亲的身体接触。母亲也会对婴儿的信号做出行为反应，从而提升亲近感、增加照料。相反，当婴儿感到安全时，依恋系统处于不激活状态，婴儿和母亲的依恋行为也随之暂停。

在鲍尔比看来，孩童与母亲之间最早的联结性质，确立了孩童对他人的基本态度，以及孩童对自身的基本感受。鲍尔比所称的依恋的内在工作模型（internal working models of attachment）在一岁时建立起来，孩童与母亲之间的联结在其中得以体现。依恋的内在工作模型类似于克莱因和马勒的理论中的客体关系，因为它们都包含了自体表征、客体表征以及这两者之间互动的表征。在客体关系理论中，这些内部模型塑造了个体将来与其他人的所有互动。依恋的内在工作模型也参与了结构模型中许多自我功能的发展，如认知能力、情感调节、冲动控制等。但是，依恋的内在工作模型与客体关系的不同之处在于，依恋的发展理论更多强调孩童与照料者之间的互动，而不是孩童的情绪状态。我们已经看到，克莱因和马勒都强调，在客体关系的发展过程中，年幼儿童的内部爱恨体验会产生强烈的影响。与此相反，鲍尔比则更加强调孩童与真实母亲之间的互动的性质。

在发展理论的过程中，鲍尔比受到了各种邻近学科的极大影响，包括生物学、进化学和动物行为学。他也受到了达尔文的进化论的影响，认为依恋行为把依赖的婴儿与照料的母亲联结在一起，提高了婴儿生存的可能。康拉德·劳伦兹（Konrad Lorenz，1903—1989）研究了鹅的印刻（imprinting），哈洛研究了哺乳动物的母爱剥夺。他们都探索了对关系的先天需要，也因此激发了鲍尔比的灵感。实际上，由于鲍尔比的理论强调先天行为模式和真实关系的重要性，所以，他的观点经常与当时其他精神分析家的（他们倾向于强调内部的心理运作，而非外部的行为）相悖。

## 玛丽·安斯沃斯和玛丽·梅因：陌生情境和成人依恋访谈

直到 20 世纪七八十年代，随着玛丽·安斯沃斯（Mary Ainsworth，1913—1999）和玛丽·梅因（Mary Main，1943—）的重要研究，依恋理论才进入了精神分析的主流学派。安斯沃斯开发了一种研究范式，名叫陌生情境测验。她用该范式来测评依恋组织的个体差异。在陌生情境测验中，研究者会观察，当照料者和陌生人进入、离开房间时，孩童是如何玩耍的。观察者从一些因素入手，独立评价孩童的行为。这些因素包括：孩童进行探索的数量；孩童对照料者离开的反应；与陌生人单独在一起时，孩童表现出的陌生人焦虑程度；以及与照料者重聚时，孩童的重聚行为。安斯沃斯描述了不同的依恋模式，她把它们称为安全型依恋（secure attachment）、焦虑-回避型依恋（anxious-avoidant attachment），以及焦虑-反抗型依恋（anxious-resistant attachment）。玛丽·梅因增加了第四种模式：混乱／无指向型依恋（disorganized/disoriented attachment）。梅因开发了她所说的成人依恋访谈（Adult Attachment Interview），用于调查成人在回忆与依恋有关的早期童年经历时，所表现出的模式。她描述了一些类似的模式，包括安全-自主型（secure-autonomous）、冷漠型（dismissing）、迷恋型（preoccupied），以及未解决／混乱型（unresolved/disorganized）。很多调查者用成人依恋访谈来研究依恋模式的众多复杂影响。

## 客体关系理论和成人心理病理学

所有心理动力学临床工作者都同意，客体关系的质量（包括安全的依恋内在工作模型）是评估心理健康的一项重要指标。总体来说，如果个体能够维持充满爱的依恋，那么，客体关系便会被评估为是成熟的。首先，这一能力需要个体认识到，客体与自体是不同的，而且有时，自身的需要可能与客体的需要产生冲突。其次，这种能力也需要个体可以接受自己在一定程度上依赖客体，同时又与客体有些分离。再次，成熟的客体关系还需要个体承认、接纳并容忍指向客体的矛盾情感（ambivalence）。最后，成熟客体关系的标志是自体和客体恒定性，这允许个体感受到自体和客体是"足够好的"。

借用实证研究技术，调查者发现，婴儿-照料者关系中的紊乱与早年生活和后续生活中的心理疾病有关联。另外，调查者也探索了众多心理／脑系统与这些紊乱之间的复杂关系。例如，针对婴儿-照料者关系背景中情感调节的发展，阿伦·斯霍勒（Allan Schore）概括了一系列研究结果，并把它们与神经生物学的发现整合起来。斯霍勒提出，情绪调节功能的发展源自与父母之间的互动，最终会被心理表征接管——照料性环境的各方面被内化，使孩童能够独立调节情感状态。德鲁·韦斯滕（Drew Western）和其他研究者试图把客体关系理论和依恋理论、社会心理学以及认知神经科学的某些方面整合起来。最近也出现了一些研究，它们势必会变革我们对心理健康的理解——阿沃沙洛姆·卡斯皮（Avshalom Caspi）及其同事指出，早年剥夺和丧失的经验可能与基因易感性相互作用，造成后续人生中的心理疾病。最后，芭芭拉·米罗德（Barbara Milrod）及其同事提出："分离焦虑及其治疗能够提供一种重要的途径，让我们看到与内化社会支持有关的神经环路和其他生物过程。"客体关系理论也可以结合美国国家精神卫生研究所的研究领域标准中的"社会过程"领域，以及"归属和依恋"的构想。

在临床情境下，我们会在众多成人心理疾病中看到客体关系的紊乱。对于更健康的患者来说，在前俄狄浦斯发展期建立起成熟的客体关系，是成功度过俄狄浦斯阶段的必要前提。例如，在第 6 章（"梦的世界"）和第 7 章（"俄狄浦斯情结"）中，我曾讲过一名"害怕被留在架子上"的年轻女性。她在母亲死时遭受了重大的丧失，这使她比常人更加害怕俄狄浦斯期激发的强烈竞争感受会导致被抛弃。我们已经看到，这名年轻女性用一种"超越一切"的感受对待大多数的浪漫机会。在第 10 章（"冲突与折中"）中，我讲过一位在权威面前卑躬屈膝的年轻医生。他的成长环境是艰难的——他的父母受困于自己的疾病中，这使他们要求儿子做一个"好男孩"，不能表现出攻击性。因此，他在迈进俄狄浦斯期阶段前，就已经害怕冲突和竞争了。

对于疾病更重的患者而言，所有类型的精神病性体验都反映出，患者不能成功地从客体中分化出自体，包括那些严重精神疾病（如精神分裂症、情感障碍）或者器质性问题、中毒状态或外伤所导致的精神病性体验。虽然，我们可以从自我缺陷的角度描述精神病性体验（如现实检验的紊乱，以及使用否认），但是，最佳的办法是从自体和客体表征的角度描述精神病的众多方面。例如，在幻觉或妄想中，患者可能无法辨别思维或声音来自自己的心理，还是别人的心理。

严重人格障碍，包括边缘型、偏执型以及一些自恋问题，反映出患者无法容忍矛盾情感，或者无法维持客体恒定性。虽然我们依然可以从自我缺陷的角度描述严重人格障碍（如冲动失控、情感不耐受等），但是，理解这些障碍更好的办法是，认为它们反映出患者在面对挫折时，无法维持充满爱的关系。一些有严重人格疾病的患者根本不会形成依恋关系，因为他们害怕亲密依恋会激发强烈的感受；另一些患者则无法容忍分离和丧失。很多患者都受苦于依恋和分离上的问题。

## 奥托·科恩伯格：整合客体关系理论与结构模型

美国精神分析家奥托·科恩伯格（Otto Kernberg）整合了客体关系理论和结构模型的许多最佳方面，做出了重要的贡献。例如，科恩伯格坚持驱力的概念，他用驱力来描述专制、高阶的快感寻求（或攻击冲动），它们引导着所有的行为。然而，他对驱力的理解有点不同于更坚持结构模型的人。在科恩伯格看来，驱力的体验并非源于先天的躯体快感要求，而是源自在关系背景中体验满足的先天倾向，这使人们持续寻求类似的、令其满足的关系。换句话说，关系背景中满足的（或好的）体验被组织成了驱力。

科恩伯格发展出了一种对人格组织进行分类的重要系统，以及一种理解边缘型人格障碍的理论。这些理论反映出他试图整合自我心理学和客体关系理论，也使他在心理健康领域具有高度的影响力。

### 科恩伯格对人格障碍的分类

按照科恩伯格的理论，在发展健康客体关系的过程中，每位个体都必须达成两项基本任务。第一项任务是从客体中分化出自体，或者说构建起有清晰边界的自体和客体表征。第二项任务是整合自体和客体表征好的（满足的）方面和坏的（令人挫败的）方面。科恩伯格认为，客体关系的成功发展是获得客体恒定性，或者说，即使在面临受挫或愤怒时，仍能维持对某个客体的正性依恋。科恩伯格的客体恒定性概念中内含了自体恒定性（self constancy）概念。

从客体中分离出自体，整合自体和客体的好坏方面，这两项任务是紧密关联的。我们可以在很多心理应激情况下看到这种关联。例如，与所爱之人分离时，我们都会面对难以管理的感受，通常包括沮丧和愤怒。我们必须能承受这些感受，而不至于无法分化自体和客体（任务一）或者失去客体恒定性（任务二）。按照科恩伯格对人格障碍的分类，频繁无法从客体中分化出自体的患者容易产生精神病性病症；如果患者大体上能够从客体中分化出自体（任务一），却频繁无法整合好坏体验（任务二），那么他们更容易产生边缘性心理病症；而那些通常达成了任务一和任务二的患者，则更容易产生神经症性心理病症。科恩伯格的闻名之处在于他对第二类群组的描述，或者说对那些有边缘性人格组织的人的描述。

## 科恩伯格的边缘性人格组织

科恩伯格的边缘性人格组织（borderline personality organization，缩写为BPO）是一种精神分析诊断，其特点是非特定的自我缺陷（如冲动控制薄弱和难以耐受情感），以及客体关系中的紊乱。在科恩伯格看来，BPO 的特点是，客体关系中好坏自体表征和客体表征的整合不足。BPO 的特点还有使用基于分裂（splitting）的防御机制，如投射性认同（projective identification）和全能控制（omnipotent control）。这些防御的基础是，个体需要把正性的体验从负性的体验中分离出来，通过把负性体验投射到客体上，摆脱负性体验，然后控制客体（客体现在被体验为是坏的、有潜在危险的）。换句话说，BPO 的防御特征反映了潜在的客体关系紊乱。正如科恩伯格所说，BPO 对应着克莱因提出的偏执心位，其特点是分裂全坏的体验，把它们投射到客体上。与此相反，在克莱因提出抑郁心位时，爱与恨是被整合了的。

对于 BPO 来说，无法整合体验的好坏方面造成了个体无法体验到连贯一致的自身图像和他人图像。有 BPO 的患者常常表现出心境的剧烈波动，这体现出分裂开的或者被体验为全好／全坏的自体和客体表征被激活了。患者心境的波动情况取决于激活了哪种未整合的表征。不一致的、混乱的自体图像被科恩伯格称为身份认同弥散（identity diffusion）（借用了埃里克森的术语）。身份认同弥散使有 BPO 的患者极可能出现自我体验和自尊上的摇摆。不一致的、混乱的他人图像使有 BPO 的患者极可能错误地解释他人的行为，造成人际关系混乱。我们可以在下述疾病中看到 BPO 的存在：DSM-5 定义的边缘型人格障碍以及其他严重的人格障碍，如偏执型人格障碍、分裂样人格障碍和自恋型人格障碍的某些亚型。

## 边缘性病症的其他病因观

在第 10 章中，我曾谈到过，针对自我缺陷有不同的理解方法（见"自我缺陷的理论：防御与亏缺"）。对此，精神分析理论家们的主要争论点在于，最好把心理疾病的起因理解为应对内心冲突的防御（如防御 / 冲突模型），还是早期环境未能提供心理最优发展的必需原料所导致的亏缺（如亏缺 / 发展失败模型）。科恩伯格对 BPO 的看法强调，攻击扭曲了内在客体关系，以分裂为基础的防御主动地把"全好"和"全坏"的自体和客体表征分离开。换句话说，科恩伯格的 BPO 理论是一种防御 / 冲突模型（defense/conflict model）。他强调，BPO 的起因是防御。其他理论家认为，童年期婴儿与照料者互动中的亏缺是边缘型人格障碍患者心理结构缺陷的主要原因。换句话说，这些理论家们坚持心理疾病的亏缺 / 发展失败理论（deficit/developmental failure model）。例如，有些理论家坚称，被父母抛弃的经历导致边缘性个体无法忍受独处，或者没能达成客体恒定性。最近，彼得·福纳吉（Peter Fonagy）和玛丽·塔吉特（Mary Target）提出，边缘性心理疾病起因于自我反思和心智化能力的缺损，而这些缺损又源于婴儿与照料者之间有缺陷的互动。在第 12 章中，当我阐述科恩伯格和科胡特对自恋问题的不同看法时，我们还会看到防御 / 冲突与亏缺 / 发展失败之间的争论。

当代，来自众多领域的研究丰富了我们对边缘性疾病的理解，包括社会认知心理学和认知神经科学。这些研究认为，边缘性疾病的起因是气质与环境风险因素之间的相互作用，如虐待或忽视。这会造成对自体和他人不一致的感受、不安全的依恋内在工作模型、心智化缺损，以及不良的自体（我）控制系统。

## 客体关系理论和心理动力学治疗

客体关系理论极大地帮助我们理解了心理动力学治疗是如何起效的。在针对边缘型人格障碍发展出来的心理动力学疗法中，我们可以最明显地看到这一点。例如，移情焦点治疗（Transference-Focused Psycho therapy，缩写为 TFP）——科恩伯格自己对边缘型人格障碍的疗法——的基础是他对边缘型人格障碍的客体关系理论。TFP 的基本假设是，潜在的客体关系会在患者与治疗师的互动中被激活。因此该疗法强调，在移情中工作可以最有效地处理这些潜在的客体关系。TFP 治疗师的首要任务是，当病理性的客体关系在患者与治疗师的关系中被激活时，观察并诠释这些客体关系。与科恩伯格的 TFP 不同，安东尼·巴特曼（Anthony Bateman）和彼得·福纳吉发展出了基于心智化的疗法（Mentalization-Based Treatment，缩写为 MBT），可用于治疗边缘型人格障碍患者。该疗法注重提升这些患者的心智化能力。

然而，不仅是那些专门针对严重人格障碍的疗法，在所有心理动力学治疗中，我们都能看到客体关系的影响。其中，最明显的影响就是治疗目标的改变。心理动力学治疗的目标不再仅仅是理解愿望、禁忌、理想以及处理冲突的习惯模式，还涉及建立稳健的人际关系。运用客体关系理论的治疗师们很想了解，患者如何寻找持续的依恋和亲密联结，如何维持独立感。他们也想了解，患者的内心结构是否具有自体和客体恒定性，因为这种恒定性维持着"足够好的"感觉。

另外，我们也看到，客体关系理论同样影响了心理动力学治疗的实施过程。例如，我们看到，心理动力学治疗十分强调反移情（countertransference）（被定义为治疗师对患者的感受），它把反移情作为了解患者内心生活的主要信息来源。我们还看到，客体关系理论也影响了治疗作用理论。例如，理论家们渐渐开始强调患者与治疗师之间关系的重要性——它不仅是一种信息来源，也是一种改变的力量。总体来说，这么多年来，我们看到治疗作用理论发生了如下的转变：早期理论强调诠释带来洞察，洞察带来改变，而更近斯的理论强调，与治疗师之间的关系带来了改变。众多理论家用不同的术语强调治疗关系的不同方面，包括矫正性情绪体验（corrective emotional experience）、新客体（new object）、真实关系（real relationship）、治疗联盟（therapeutic alliance）、抱持性环境（holding environment），以及容纳者／被容纳（container/contained）等。实际上，在本书的序言和前言部分中，我已经提到过，在所有精神分析治疗中，治疗联盟都是重要的。客体关系理论使这一概念得到了更多的理解。

精神分析有一个相对近期的流派，叫作关系精神分析（Relational Psychoanalysis）。它强调患者与治疗师之间互动的意义是"共同创造的"，而且强烈主张治疗工作的重点应当是探索这种共同创造过程。在本书中，我们不会讨论关系精神分析，因为它包含的理论大多强调临床情境，以及如何最好地理解患者与治疗师之间所发生的事。许多关系理论家十分强调"共同创造意义"这种现象，以至于我们很难抛开共同创造考虑患者个人独有的心理模型。

是治疗师的诠释，还是患者与治疗师之间的关系？人们依然在争论心理治疗中的哪个方面对疗愈性改变更为重要。但是，在格伦·盖巴德（Glen Gabbard）和德鲁·韦斯滕（Drew Westen）看来，这种争论已经不像过去那么重要了。如今，我们必须整合治疗作用的众多理论，包括诠释的作用和关系的作用。这些作用是共同起效的。到了第 12 章（"自体心理学"），我会探索另一种心理模型。它用一种有些不同的视角看待治疗关系是如何帮助患者的。那时，读者还要考虑到这种争论。

## 本章总结与核心维度表

表 11-1 展示了客体关系理论的核心维度表，其中包含了下面一些关键概念。

**地形学观点**：客体关系大多是无意识的。

**动机性观点**：从出生开始，人们就寻求着客体；寻求客体并不附属于其他动机。同样先天的还有从客体处分离的愿望，以及自主（个体化）的愿望。希望依附与希望分离之间有着不可避免的冲突，与此相伴的还有对客体的矛盾感受——爱与恨。要想在这些愿望和感受之间成功地制造折中，个体必须能够体验到对客体的感恩，还要越来越确信嫉妒是可以被克服的，关系的破损是可以被修复的。

**结构性观点**：体验的基本单元是客体关系。客体关系是一种内心结构，它包含自体表征、客体表征以及自体与客体之间充满情感的互动的表征。客体关系可以是短暂的，也可以是持久的。持久的客体关系是所有心理结构（如自我、本我和超我）的模板，也是将来所有人际关系的模板。与此有关的概念包括满足需要的客体、客体恒定性、自体恒定性、依恋行为系统、依恋的内在工作模型，以及心智化。

**发展性观点**：客体关系主要是在童年期与照料者之间的互动中形成的。安娜·弗洛伊德、克莱因、比昂、温尼科特、鲍尔比、马勒、福纳吉及科恩伯格都提供了彼此交叠的客体关系发展模型。所有这些发展模型的终点都是获得客体恒定性，或者说，即使在面对分离、挫折或愤怒的感受时，仍能维持与该客体之间的稳固的、正向的联结。

**心理病理学理论**：客体关系质量是心理健康/疾病的一项指标。稳健、现实的客体关系具有客体恒定性，它是心理健康的标志。相反，紊乱的客体关系的特点是无法维持客体恒定性，可见于许多类型的成人心理疾病，包括严重的人格障碍，如边缘型、偏执型以及某些自恋型问题，或者任何以边缘性人格组织为特点的障碍。

**治疗作用理论**：在心理动力学治疗中，客体关系会在治疗师与患者之间

的关系中被激活。随后，我们可以用治疗关系来理解客体关系。因此，客体
关系理论使心理动力学治疗开始重视移情，尤其是反移情。它也使治疗作用
理论开始强调治疗师作为新的客体的作用（与强调洞察的理论相反）。针对
边缘型人格障碍，有两种著名的心理动力学疗法。它们是科恩伯格的移情焦
点治疗，以及巴特曼和福纳吉的基于心智化的治疗。

第 11 章 客体关系理论

表 11-1 客体关系理论

| 地形学 | 动机 | 结构/过程 | 发展 | 心理病理学 | 治疗 |
|---|---|---|---|---|---|
| ➤ 客体关系大多是无意识的 | ➤ 依恋愿望与分离—个—体化愿望彼此冲突<br>➤ 爱/恨/矛盾情感<br>➤ 嫉妒/感恩/修复 | ➤ 客体关系<br>　■ 自体表征<br>　■ 客体表征<br>　■ 自体与客体之间互动的表征<br>➤ 满足需要的客体<br>➤ 客体恒定性<br>➤ 自体恒定性<br>➤ 依恋行为系统<br>➤ 依恋的内在工作模型<br>➤ 心智化 | ➤ 依恋<br>➤ 把自体从他人中分离出来<br>➤ 偏执心位和抑郁心位<br>➤ 容纳者/被容纳<br>➤ 足够好的母亲<br>➤ 抱持性环境<br>➤ 分离—个体化<br>　■ 分化<br>　■ 实践<br>　■ 和解<br>　■ 迈向客体恒定性<br>➤ 成为父母<br>➤ 中年危机<br>➤ 心智化的发展 | ➤ 客体关系质量是心理健康/疾病的一项指标<br>➤ 边缘性人格组织（BPO） | ➤ 客体关系在治疗师与患者的关系中被激活<br>➤ 反移情<br>➤ 治疗师作为新的客体<br>➤ 移情焦点治疗<br>➤ 基于心智化的疗法 |

# 第 12 章
# 自体心理学

本章将介绍自体心理学。我会解释自体心理学心理模型是如何运作的，以及它如何帮助我们理解心理疾病和治疗。本章介绍的新词汇包括：情感镜映、异我自体、核心自体感、自体障碍、新生自体感、共情、虚假自体、夸大自体、理想化双亲影像、理想化自体客体、理想化移情、身份认同弥散、镜映移情、镜映型自体客体、自恋、自恋性暴怒、叙述性自体感、病理性夸大自体、病理性自恋、自体、自体客体、自体客体移情、自体-自体客体基质、主观自体感、过渡客体、过渡现象、真实自体、孪生移情，以及言语的或明确的自体感。

与地形学模型和早期结构模型类似，自体心理学也主要是一个人——海因兹·科胡特（Heinz Kohut, 1913—1981）的成果。他在 20 世纪 60 年代、70 年代和 80 年代发展了这一模型。与梅兰妮·克莱因和发展出客体关系理论的其他人一样，科胡特最初受训于结构模型（或自我心理学）。但是，他渐渐开始觉得这种模型不足以描述或治疗他所见到的患者和问题。不过，科胡特没有与客体关系理论家们一起工作，而是提出了自己的心理模型。

## 自体与自体的发展

自体（self）是人格的一个核心结构，也是自体心理学的基础。在自体心理学理论中，自体这个结构大部分是无意识的，它被定义为主动性的中心，以及核心同一感的源泉。个体的雄心、理想和才能构成了自体。自体健康的标志是：一致感和连续感，能量感和主动感，成熟的自我决断、自尊和骄傲，以及能够投身到一系列稳定的理想和目标中。自体健康的标志还包括：能够调节情感，充分利用自己与自体客体之间的互动。如果个体有精神疾病或自体障碍（disorder of self），自体就会感到虚弱、不一致、无成效和糟糕，或者无法从目标或理想中找到意义。

在自体心理学中，详细描述自体成长的发展性理论是十分重要的。自体心理学坚称，个体生来就有一系列先天的自恋奋争（narcissistic striving），它们是人格中主要的动机力量。自恋（narcissism）被定义为一种对自体的投注。这些天生的自恋奋争包括如下需要：有生机、真实、一致、掌控、安全、自主、独特、创造、力量和目标感，以及自尊。先天的因素、后天与照料者之间的互动彼此混合在一起，自体便从这种混合物中发展而来。除了这些先天需要，婴儿还需要照料者的认可和承认。照料者必须共情（empathy）地回应婴儿成长着的自体。共情被定义为能够感受或理解另一个人的主观体验。照料者（通常是母亲和父亲）的共情性回应对于自体发展来说是不可或缺的。共情的照料者是孩童最初的自体客体（selfobject）。自体客体的定义是个体把另一个人体验为自体的一部分，用于满足自体的需要。实际上，在自体心理学中，当我们理解自体时，不能脱离自体-自体客体基质（self-selfobject matrix）这一概念。

自体心理学认为，在孩童与照料者的互动中，自体有两种主要的自恋发展线索（或者说成分）。其中一个成分是夸大自体（grandiose self），它表达了追求力量和认可的先天奋争。镜映型自体客体与孩童互动，认可孩童的表现欲和成就，并从中获得快乐。夸大自体就是在这种互动中发展起来的。自体的另一个成分是理想化双亲影像（idealized parental imago），它源于孩童归给照料者的全能和完美。理想化自体客体（idealized selfobject）与孩童互动，提供力量与平和，从而使孩子感到安全并发展出情感调节能力。理想化双亲影像就是在这种互动中发展起来的。

在发展过程中，通过逐渐内化共情性的自体客体经历，自体的这两个成分会变得越来越强健。换句话说，内化发生的背景是照料者对孩童自体客体奋争的共情性回应。随着时间的流逝，夸大自体成熟，变为稳定的自尊、决断，以及现实的雄心。理想化双亲影像也逐渐成熟，变为持久的理想。自此，成熟、健康的自体开始能够带着决断和能量追求理想。

在自体心理学看来，梦常常反映了自体的状态。科胡特及其追随者把这种梦称为自体状态的梦（self-state dream）（见第 6 章"梦的世界"）。我们也可以看到，科胡特探讨了自体的发展，以及自体的理想或目标的发展。借此，他也精细阐述了弗洛伊德的自我理想（ego ideal）这一概念（见第 9 章"本我和超我"）。

## 科胡特的成人心理障碍理论：自体障碍

按照科胡特的理论，自体障碍的成因有，照料者没有镜映孩子的夸大性，或者没有给予孩子其所需要的认可与承认，并且没有愉快地接纳这种夸大性。自体障碍的成因还有，照料者没能帮助孩子调节其夸大性。在上述两种情况下，夸大自体都会被压抑或否认，或者很难被整合进成人的人格。它依然维持着幼稚的特点，无法发展成熟，也无法转变为健康的自尊和自我决断。对于严重的案例来说（或者在面对巨大的压力时），有自体障碍的个体可能会难以组织好现实的某些方面，就像我们在边缘问题或成瘾中看到的那样。如果照料者不允许孩子发展、调节理想化双亲影像，也会造成自体障碍。当照料者令孩子极度失望，或者总是无法达到孩子的期望时，就会发生这样的失败。在这种情况下，孩子可能会一直幼稚地寻求理想化的父亲和母亲，或者可能会放弃这种愿望。不管怎样，孩子都无法发展出持久的理想和目标。

换句话说，在自体障碍中，临床工作者可能会看到，患者具有虚弱的夸大自体和理想化双亲影像。临床工作者可能也会看到，为了弥补虚弱的自体，患者发展出了补偿结构，如冷漠、成瘾或性倒错等。自体障碍包括了 DSM-5 中描述的自恋型人格障碍。自体障碍也可能伴有自恋性暴怒（narcissistic rage）。自体心理学认为，个体觉得自体受到威胁，从而产生了自恋性暴怒。羞耻、受辱和失望的体验会触发自恋性暴怒，它们同时也是自恋性暴怒所伴有的情绪。自恋性暴怒的范围包括了从轻微的恼火到极度的狂怒，其特点是想要报复和惩罚。如果个体容易自恋性暴怒，那么，他与其他人之间的关系会是变化无常的、不稳定的。

## 科胡特的心理治疗作用理论：调动自体客体移情

自体心理学认为，有自体障碍的患者会在治疗中体验到原初自体需要的重新激活，它们会表现为一系列的自体客体移情。这时，治疗师要引导患者。实际上，科胡特之所以提出了自体心理学模型，正是因为他觉得结构模型不能帮助他理解患者的移情。这类移情被科胡特称为自恋移情（narcissistic transference）。当镜映移情（mirror transference）被调动时，患者的原始夸大自体会重新复苏。在这些移情中，患者想要治疗师认可或承认他的自体。当理想化移情（idealizing transference）被调动时，患者的理想化双亲影像会重新复苏。在这些移情中，患者想把咨询师体验成是完美的。患者也可能会发展出孪生移情（twinship transference）。在这种移情中，患者会假定（或要求）治疗师与自己完全一样。这种移情使虚弱的自体变得更强健。

当这些自体客体移情被调动时，我们就有机会重新发展患者的自体。实际上，自体心理学是用一种发展的观点来看待心理动力学治疗的。治疗师会关注移情的自体客体功能。在患者的体验中，这些自体客体功能是童年期缺失的。治疗师要把移情与自体客体功能联系在一起。所以自体心理学认为，移情体现出患者渴望治疗师承担这些自体客体功能，以此修复虚弱的自体。换句话说，治疗师会强调，患者感到自己有所需要，而不是感到自己有无法被接纳的愿望。

在自体心理学中，治疗起效的核心在于考察患者与治疗师之间有问题的时刻。这些时刻就是治疗师没能理解患者需求的时刻，它们是不可避免的。这给患者和治疗师提供了一种机会，让他们可以更好地理解当前和过去缺失了什么，又有什么是需要去修复的。

虽然科胡特认为，治疗起效的过程并不包括共情本身，但在他看来，共情的沟通和诠释是心理改变的必备成分。而且，治疗师为了共情会做出持续的努力。这在治疗中发挥着重要的作用，因为它可以降低患者的防御需要、提升患者的内省能力、促使被阻拦的感受和记忆浮现出来，然后进行探索。

## 对比自体心理学、结构模型以及客体关系理论

下面，我会简要比较自体心理学、结构模型和客体关系理论的一些基本假设。这或许可以帮助我们澄清自体心理学与这些更早的模型有什么不同。

- **地形学观点**——在这点上，自体心理学与结构模型或客体关系理论没有明显的不同，因为自体也包含了意识的和无意识的方面。
- **动机性观点**——在自体心理学中，人格的驱力是自体的奋争或自恋需要，而不是无法被接纳的躯体快感愿望（结构模型），也不是依恋/分离的需要（客体关系理论）。实际上，如果其他愿望太过明显，自体心理学会认为，这是自体受到威胁造成的。自恋奋争有它们自己的发展线索，而且不能被简化成其他需要（结构模型）。在自体心理学看来，攻击或自恋性暴怒不是一种生来就有的奋争（像结构模型和某些客体关系理论所认为的那样），而是个体觉得自体受到威胁造成的。
- **结构性观点**——自体心理学认为，心理的上级结构是自体，而不是自我、本我和超我（结构模型）或客体关系（客体关系理论）。如果其他结构（如本我或超我）变得明显，那么，这是自体受到威胁造成的。

- **发展性观点**——虽然所有模型都坚称，照料者的共情回应是一种重要的自体客体功能，对发展来说是至关重要的，但是，在自体心理学看来，照料者的真实行为，尤其是共情的行为（empathic behavior），才是孩童自体体验的主要促进因素，而不是孩童自己内心中的想法、感受和幻想（结构模型和客体关系理论）。在整个生命历程中，自体客体需要都是持续存在的。自恋奋争从未停歇。但是，它们已经发展成了成熟的形式，如创造力、幽默和智慧。
- **心理病理学理论和治疗作用理论**——自体心理学认为，心理疾病的成因是发展受阻，或者说是照料者一方的自体客体失败，而不是冲突（像结构模型和大多数客体关系理论所认为的那样）。在自体心理学看来，俄狄浦斯情结不是心理疾病的主要冲突（像结构模型所认为的那样）；相反，自体障碍才是心理疾病中最重要的诊断概念。自体障碍取代了神经症（像结构模型所认为的那样）和边缘性人格组织（像客体关系理论所认为的那样）。自体心理学认为，移情中被重新激活的自体客体需要体现了患者童年期受挫的需要，而不是冲突、防御和折中形成（像结构模型和大多数客体关系理论所认为的那样）。对治疗效果至关重要的是治疗师提供的共情理解，而不是通过诠释获得的洞察（像结构模型和某些客体关系理论所认为的那样）。

## 自恋型人格障碍：科胡特与科恩伯格

关于如何最好地理解自恋型人格障碍，海因兹·科胡特与奥托·科恩伯格之间存在争论。思考这些争论，能让我们更深入地理解自体心理学。这两位思想家都赞同，有一类人醉心于幻想成功和权力，期望别人把自己看作特殊的或优越的；他们要求持续的注意，嫉妒那些比自己拥有更多的人；他们热衷于被看作有力量的、完美的；他们傲慢，容易暴怒、抑郁，而且对他人缺乏共情。这类人被描述为具有自恋型人格障碍（Nacissistic Personality

Disorder，缩写为 NPD）。

## 科胡特的观点

科胡特认为，对于患有 NPD 的个体来说，其照料者在其童年期没能满足其自体客体需要，这样就使童年期的夸大自体留存、持续了下来。在这样的情况下，孩童的夸大自体无法成熟，依然在强烈地寻求他人的自体客体认可。当寻找不到自体客体认可时，患有 NPD 的个体会紧接着产生自恋性暴怒，因为他们的自体感到了威胁。

按照科胡特的治疗模型，治疗师首先必须允许患者受挫的自体客体需要浮现在移情中。其次，治疗师必须共情地理解患者，以此处理这种自体客体移情。最后，还必须探索治疗中不可避免的共情失败，这样可以促进患者的成长。被重新调动的夸大自体最终可以继续获得成熟，被整合进患者的人格中。

## 科恩伯格的观点

在科恩伯格看来（见第 11 章 "客体关系理论"），患有 NPD 的个体表现出的不是童年期遗留下来的正常夸大自体，而是一种新的病理性结构，科恩伯格称之为病理性夸大自体（pathological grandiose self）。它是科恩伯格所说的病理性自恋（pathological narcissism）的核心。这种病理性夸大自体的作用是防止患者依赖他人。只有得到他人的赞扬时，患者才会认为他人是重要的。患有 NPD 的个体更愿意把自己看成自给自足的，没有任何其他需要。换句话说，科恩伯格认为，病理性夸大自体是一种对依赖的防御。如果患有 NPD 的个体即将体验到真正的依赖，他就会立刻觉得自己处在偏执心位上（见第 11 章），感受到迫害焦虑（见第 11 章）。这是因为在内心深处，患有 NPD 的个体无法整合对客体的好坏体验（见第 11 章），因为他对该客体的愤怒感太过强烈。

按照科恩伯格的治疗模型，治疗师首先必须允许患者的病理性夸大自体浮现在移情中。然后，治疗师必须诠释患者对依赖的防御（以及偏执心位）。最后，治疗师必须帮助患者理解到，他的偏执恐惧反映了自己对客体（和治疗师）的攻击。当患者能够处理这种攻击时，他会发展出整合的能力，可以整合对治疗师的好坏体验，从而克服偏执心位。

## 讨论

虽然上面的对比过于简化，但它确实能体现自体心理学（科胡特）与结构模型 / 客体关系理论（科恩伯格）在理解 NPD 上的某些不同。这些不同包括：（1）应该在多大程度上把夸大自体视为童年期的正常遗留物（科胡特），还是一种病理性结构（科恩伯格）；（2）应该在多大程度上认为夸大自体是童年期照料者共情失败导致的亏缺（科胡特），还是一种针对依赖的防御（科恩伯格）；（3）应该在多大程度上认为攻击是自体受到威胁的结果（科胡特），还是整个自恋问题的深层成因，阻碍了体验的整合（科恩伯格）。许多临床工作者两种模型都会使用（见第 13 章 "朝向整合的精神分析心理模型"）。与某些患者一起工作时，他们会强调自体心理学，而与其他患者一起工作时，他们又会强调科恩伯格的模型。针对同一患者，许多临床工作者会在不同时间段使用不同的模型，有时采取更共情的立场，有时采取的立场又会面质患者的攻击感受。在治疗早期，当患者对批评更敏感且不太信任治疗师时，很多临床工作者会采用更加共情的立场。

## 自体心理学对心理动力学治疗的影响

即使某位临床工作者没有在所有情况下完全遵循自体心理学，该模型依然会在一些重要方面影响其心理动力学治疗。首先，自体心理学强调，治疗师要共情地浸入到患者的体验中，这对所有心理动力学治疗而言都是重要的。其次，自体心理学提供了发展上的理论依据，解释了为什么共情性浸入对患者来说是至关重要的。自体心理学提醒治疗师要注意共情失败的后果，要注意所有患者的自体客体移情，正确地处理这些移情。自体心理学还提醒治疗师，要在患者的成长史中寻找照料者和其他重要客体的共情失败，探索患者是如何应对持续的自体客体需要的。最后，自体心理学还告诉治疗师，自恋奋争是天生的、正常的，遵循着自己的发展线索。患者可能会强烈地批评自己，为这些奋争感到羞耻。当临床工作者在与患者一起工作中帮助患者成为其人生故事的中心，活出意义感，发展出可以投入兴趣的目标，并带着能量和创造力追求这些目标时，我们就会看到自体心理学带来的影响。

## 自体的其他概念：自我心理学和客体关系理论家的贡献

我们已经看到，虽然结构模型和客体关系理论都包含了自体这个概念，但是，这些模型中的自体概念与自体心理学中的非常不同。例如，在第 8 章（"新装置、新概念：自我"）中，我们探讨了埃里克森提出的自我同一性理论；在第 11 章（"客体关系理论"）中，我们考察了马勒提出的个体化理论和实践概念。显然，这些理论家们都认识到，个体需要发展出一个连贯、强健的自体，只是他们定义自体的方式不同。在第 11 章中，我们还看到，科恩伯格的理论中包含了身份认同弥散这一概念（他借用了埃里克森的观点）。身份认同弥散指的是自体体验不一致、不连贯，是边缘性人格组织的表现（但是，患有 NPD 的患者并非如此。科恩伯格认为，他们的夸大自体提供了一种组织结构，可以防止身份认同弥散）。但是，科恩伯格坚称，身份认同弥散的原因是个体无法整合自体的好坏体验（自体不恒定），而不是因为最初的自体客体共情失败。不过，自体心理学与其他心理模型（尤其是客体关系理论）又是交叠的。因为，大多数模型都试图提示个体与照料者之间的互动如何促进了其自体的成长，又如何造成其自体的紊乱。为了更好地表达我的意思，下面，让我们多了解一些其他模型的重要理论家。

在第 11 章中，我谈论了温尼科特的一些观点。他十分关注母亲如何促进婴儿自体的各个方面。例如，他大量描写了足够好的母亲、抱持性环境，以及母亲脸部的镜映功能。他也讨论了过渡客体（transitional object）和过渡现象（transitional phenomena）。过渡客体是指被孩子体验成既是"我"，同时又是"非我"的重要客体，如玩具熊、毯子等。过渡现象对于孩童的发展来说是重要的，它使孩童能够玩耍、幻想，拥有一个复杂的内心世界。温尼科特还研究了那些被剥夺了促进性养育环境（facilitating maternal environment）的孩子。他描述了他们如何发展出虚假自体（false self）——为了回应照料者的期望和要求，孩童们展现出了虚假自体，而他们的真实自体（true self）则被深深地埋藏着。

温尼科特的思想不仅极大地影响了自体心理学的发展，也极大地影响了其他两位"婴儿观察者"——丹尼尔·斯滕（Daniel Stern）和彼得·福纳吉。斯滕论述了在与母亲的互动（个体最初的人际关系）中自体是如何发展的。他认为，自体的发展包括以下几个阶段：新生自体感（emergent sense of self）（从出生到 2 个月）、核心自体感（core sense of self）（2 ~ 6 个月）、主观自体感（subjective sense of self）（始于第 9 个月起）、言语的或明确的自体感（verbal or categorical sense of self）（始于第 18 个月），以及叙述性自体感（narrative sense of self）（始于 3 岁或 4 岁）。斯滕把叙述性自体感作为最后的发展阶段。因此，他认为发展完善的重点在于自体的讲故事能力。对此，斯滕与认知心理学家的看法是一致的，认知心理学家们也正在越来越多地研究他们所说的脚本（script）。他同样赞同达马西奥（见第 1 章"概述：为心理生活建立模型"），以及神经科学领域其他研究者的观点。他们强调叙述的重要性，坚称自体是心理在一种高度自我监控的状态下对自己讲的故事。最后，斯滕还赞成一些临床工作者的看法。这些工作者强调，在治疗情境中，自体是故事叙述的中心。

福纳吉从心智化（mentalization）能力的角度，全面论述了自体的发展（见第 1 章和附录 3 "术语表"）。福纳吉详细描述了母亲的情感镜映（affect mirroring）如何为孩子心智化的发展奠定了基础——母亲使孩子越来越相信，他可以掌控强烈的感受，可以辨别自体与他人之间的不同，以及现实与幻想之间的不同。如果母亲的情感镜映是不协调、不敏感或者有其他缺陷的，孩童可能会接着发展出一种异我自体（alien self），这类似于温尼科特所说的虚假自体。在第 11 章中，我们已经看到，这些孩童继续发展可能会形成边缘型人格障碍。

在福纳吉的理论中，我们发现，情感耐受、心智化和自体的发展是紧密关联的。我们也听到了比昂的回声（见第 11 章）。他强调母亲的一种重要作用——帮助孩子发展情感耐受能力。实际上，很多自体心理学家都坚称，要修改自体心理学的治疗作用理论。他们认为，治疗作用不仅包括治疗师对患者的共情性镜映（科胡特的看法），也包括了治疗师的另一种功能——充当容纳的"母亲"（比昂的观点）。治疗师要帮助患者掌控强烈的感受。这些强烈感受可能是患者难以处理的，而且可能让心理疾病持续下去。我们可以看到，与患者一起工作时，办公室里的临床工作者们通常会汲取多种心理模型的精华。在第 13 章（"朝向整合的精神分析心理模型"）中，我会考虑如何发展出一种集众家之长的精神分析模型。那时，读者需要记住此处讨论的内容——临床工作者融合了科胡特和比昂的观点。

## 对自体的研究：普通心理学和神经科学的贡献

心理动力学治疗师们正在探究，如何运用自体心理学与患者一起工作。与此同时，普通心理学众多分支的调查者们也在用适合其领域的方法研究自体这一概念，包括人格理论、发展心理学和社会心理学等。他们研究的内容有：自我概念（个体对其行为、特质或性格的外显认识）；自我叙述（个体讲述的关于自己的故事）；自我图式（个体用来定义自己的那些特质）；自我参照（个体会更加注意与自己有关的现象）；自我概念和记忆；自我证实（个体倾向于寻找证据，来支持自己的自我概念）；能动感（个体的主动感）；控制点（个体倾向于把事情发生的原因归于自己内部还是外部）；自我恒定性（寻求一致感的需要，以及一致感的程度）；自尊（个体喜欢、珍视或接纳自己的程度）；自我差异（个体的自我图式与其期望的自我图式之间的匹配程度）；自尊与地位之间的关系；自尊与归属感之间的关系；自我效能（个体多大程度上觉得自己能达到成效）；以及自我服务偏差（个体倾向于把成功归因于自己，却低估自己在失败中负有的责任）。一些研究者也努力整合了普通心理学与精神分析的发现。神经科学家们也探索了自体背后的神经结构。心理学家和神经科学家们都十分关注共情。另外，自体这一概念也对应着美国国家精神卫生研究所的研究领域标准中的"社会过程"领域，"自体的知觉和理解"的构想，以及"能动性"和"自我认识"的亚构想。

## 精神分析心理模型中的自体

在心理学研究中，自体是如此重要。所以，可能让人觉得奇怪的是，此处展示的最后一个精神分析心理模型——自体心理学直到 20 世纪末才完整地发展起来。事实上，与科胡特类似，一些理论家也批评弗洛伊德在发展模型的过程中忽略了自体，或者过度认为自体是个理所当然的存在。不管怎样，我们都无须在这种争论中选择立场。因为，我们可以综合所有精神分析心理模型的长处（包括弗洛伊德构建的模型，以及那些后来发展出的模型）。如果我们可以把这些模型整合成单个的心理模型，我们就无须决定自己偏好哪一种。在第 13 章中，我将努力为读者提供一种方法，让大家能把所有的精神分析心理模型综合成整体，一起运用它们。

## 本章总结与核心维度表

表 12-1 展示了自体心理学的核心维度表，其中包含下面一些关键概念。

**地形学观点**：自体和自体客体大部分是无意识的。

**动机性观点**：个体生来就有一系列先天的自恋奋争，它们是人格中的主要动力。这些奋争包括以下需要——有生机、真实、一致、掌控、自主、独特、创造力、能动感以及自尊。在与自体客体的互动中，自恋奋争得到了发展。因此，它们常被称为自体客体奋争。这些奋争从不停歇。它们会发展为成熟的形式。

**结构性观点**：自体是人格的核心，是心理的卜级结构。它是主动性的中心，是连贯同一感的源泉。自体客体的意思是，个体把另一个人体验为自体的一部分，服务于自体的需要。梦可能反映出梦者的自体状态。

**发展性观点**：先天因素以及与照料者之间的互动交织在一起。自体就是从这样的混合物中发展出来的。照料者必须带着共情来回应婴儿正在成长的自体。这些共情的照料者是孩子最初的自体客体。个体发展的背景是这种自体-自体客体基质。发展中的自体有两种主要成分：（1）夸大自体，与镜映型自体客体之间的互动塑造了夸大自体；（2）理想化双亲影像，与理想化自体客体之间的互动塑造了理想化双亲影像。随着时间的推移，夸大自体会逐渐成熟，转变为稳定的自尊。理想化双亲影像也会逐渐成熟，转变为持久的理想。

斯滕论述了在与母亲的互动（个体最初的人际关系）中自体是如何发展的。他认为，自体的发展包括以下几个阶段：新生自体感（出生到2个月）、核心自体感（2～6个月）、主观自体感（始于第9个月）、言语的或明确的自体感（始于第18个月），以及叙述性自体感（始于3岁或4岁）。

**心理病理学理论**：健康的自体是一致、连续的，有能量感、主动感，有成熟的自我决断，有自尊，而且能投身于一系列稳定的理想。健康的自体是心理健康的一项指标。自体心理学认为，心理疾病是一种自体障碍。自体障碍的表现是缺少力量感、一致感、成效感或良善感，无法在目标和理想中找到意义。自体障碍的成因是照料者的自体客体失败，如照料者没能镜映孩子的夸大性或者不许孩子发展出理想化双亲影像。为了弥补虚弱的自体，补偿性的结构便会发展出来。

科胡特认为，自恋型人格障碍（DSM-5 中有对此的定义）反映了婴儿自恋的持续，个体曾经历过照料者的共情失败。但是，科恩伯格认为，自恋型人格体现了病理性夸大自体的存在（其形式是病理性自恋），个体用病理性夸大自体来防御依赖。

温尼科特也研究了那些被剥夺了促进性养育环境的孩子。他描述了他们如何为了回应照料者的期望和要求，而发展出虚假自体，孩童展现出虚假自体，而他们的真实自体则被深深地埋藏着。福纳吉论述了母亲的情感镜映如何为孩子心智化的发展奠定了基础。如果母亲的情感镜映是不协调、不敏感或者有其他缺陷的，孩童可能会接着发展出一种异我自体，这类似于温尼科特所说的虚假自体。

**治疗作用理论：** 在心理动力学治疗中，调动自恋移情为自体的重新发展创造了机会，从而可以治疗自体障碍。治疗起效的核心是探索不可避免的共情失败（患者与治疗师之间的不协调时刻）。

表 12-1　自体心理学

| 地形学 | 动机 | 结构/过程 | 发展 | 心理病理学 | 治疗 |
|---|---|---|---|---|---|
| ➤ 自体和自体客体大多是无意识的 | ➤ 自恋奋争或自体客体奋争 | ➤ 自体<br>➤ 自体客体<br>➤ 自体状态的梦 | ➤ 自体的发展<br>　▪ 自体—自体客体基质<br>　▪ 共情的照料者<br>➤ 在与镜映型自体客体的互动中，夸大自体逐渐成形<br>➤ 在与理想化自体客体的互动中，理想化双亲影像逐渐成形<br>➤ 新生自体感<br>➤ 核心自体感<br>➤ 主观自体感<br>➤ 言语的/明确的自体感<br>➤ 叙述性的自体感 | ➤ 自体的健康/成熟是心理健康的一项指标<br>➤ 心理疾病被理解为一种自体障碍<br>➤ 自恋型人格障碍（NPD）<br>　▪ 婴儿自恋的延续（科胡特）<br>　▪ 防御依赖（科恩伯格）<br>➤ 病理性夸大自体<br>➤ 病理性自恋<br>➤ 虚假自体（与真实自体）<br>➤ 异己自体 | ➤ 调动自恋移情<br>➤ 探索不可避免的共情失败 |

第五部分

05

整合与应用

第 13 章

# 朝向整合的精神分析心理模型

为了理解心理生活的本质，人们已经做了许多革命性的努力。本书追溯了他们的工作成果，首先是弗洛伊德的，然后是许多其他人的。我已经描述了四种基本的精神分析心理模型，考察了每种模型是如何理解心理、心理疾病和治疗的。在最后这一章中，我将探讨如何最好地运用这四种模型来理解、帮助我们的患者。

首先，让我们看一下我们的总表（见表 13-1）。随着我在本书中逐个介绍每种心理模型，这张表格的内容也逐渐丰富起来。我也已经阐述了表格中最重要的方面。我们看到，总表可以被分成六列四行。列标题是地形学、动机、结构/过程、发展、心理病理学及治疗，行标题对应的是本书探索过的每种心理模型，在不同的列标题下有许多术语和概念。这么繁杂的条目，这么庞大的数量，似乎让我们有些不知所措。那么，我们该如何理解如此多的不同术语和概念？又如何找到一种方式整合使用这么多的思想呢？

我认为，使用不同精神分析心理模型的最佳方式是双面的：（1）在某些情况下，把所有四种心理模型当作同一个模型；（2）有需要时，单独使用每一种模型。可是，如何做到这一点呢？

让我们交换表格的横纵轴。于是，列变成了行（地形学模型、结构模型、客体关系理论及自体心理学），行变成了列（地形学、动机、结构/过程、发展、心理病理学及治疗）。有了"新"的表格（表 13-2），我便可以开始阐述如何一起使用这四种模型，同时又让它们保持原有的不同。

## 真的有统一的精神分析心理模型吗

在表 13-2 中，我们可以粗略地看到每种模型是如何理解心理运作以及心理疾病 / 治疗的核心维度的。例如，如果看动机这行，我们就会发现，结构模型中强调的动机是与寻求躯体快感有关的，而客体关系理论强调的动机则与依恋需要和分离需要有关。这些心理和躯体活动的驱动力是十分不同的，但它们并不是互斥的。在比较各种模型时，其他核心维度（地形学、结构 / 过程、发展、心理病理学及治疗）中的大部分内容都有这样的特点。也有其他作者试图列举过众多精神分析心理观的共有元素，他们使用的维度与本书中的十分相似。现在，让我们来逐个了解这些维度，在四种模型中寻找共同的元素。

### 地形学

如果我们以地形学维度考察整合后的精神分析心理模型（见表 13-2 的第一行），就可以比较容易地发现一个共同的主题：几乎每种心理成分都包含意识和无意识两个方面，除了某些例外（如本我，在当代心理动力学工作中已经很少使用这一概念了）。换句话说，如果临床工作者采取了一种综合的精神分析观点，他们就必须记住，患者能意识到的不是完整的故事。而且，被隐藏的内容大部分是患者**不想**知道的。实际上，精神分析整合模型最重要的特点就是动力性无意识这一概念。

### 动机

心理中的哪些成分可以被允许进入意识？我刚刚已经回顾了，这种决定是无法与动机明确划分开的。实际上，动力性无意识的定义就是，我们借助"防御的力量"而避开的那些心理方面。采用整合心理模型的临床工作者必须记住，每个患者身上都有想隐瞒自己的部分存在，它们不让个体自己觉察到自身中的某些方面，不管这些方面是患者渴望的还是恐惧的。实际上，当临床工作者倾听患者的故事时，他们总会问自己："此刻，患者不想知道的是什么？"另外，对于许多其他现象，心理动力学临床工作者也会用一种非常强的动机性观点来考察每种行为和体验，试图理解这些行为/体验出自什么动机。在所有心理模型中，当我们谈论动机时，永远要考虑到快乐原则和现实原则，因为它们一直在持续运作。最后，不管治疗师或患者的主要观点如何，精神分析整合模型都会关注众多不同的动机，包括寻求躯体快感（力比多）、攻击冲动、想依恋他人又想与他们分离，以及自我实现的愿望（同样还有对这四种动机的威胁）。我将在下文中更多地解释如何思考各模型间的不同点。

## 结构 / 过程

精神分析整合模型认为心理是有结构的。换句话说，心理动力学临床工作者一直认为，患者的心理具有特定的组织形式，它们具有跨时间的稳定性。心理不仅仅是由转瞬即逝的动机构成的（其中大部分动机位于觉察之外），还包括了持续的构形或模式，以及调节这些构形的过程。在精神分析整合模型中，结构/过程与自我调节（或动态平衡）、适应以及防御有关。心理动力学临床工作者也认为，叙述性结构或故事在组织体验中发挥了重要的作用。最后，心理动力学临床工作者总是会考察一个人的整体结构，或者叫性格。在下文中，我们会讨论各模型间存在的差异。

## 发展

精神分析整合模型的观点是发展性的。因为，在理解心理的任何一个部分时，我们都不能脱离其历史。该历史总是包含童年期的故事，故事的主角有照料者和家庭成员，其中还包括一些警戒事件（sentinel event），不论是令人开心的还是难过的。采用精神分析整合模型的临床工作者认为，成人的内心依然留存着孩童的心理。

## 心理病理学和治疗作用理论（治疗）

采用精神分析整合模型的临床工作者会从以上所有观点出发，考察每位患者，试图理解其心理疾病。虽然本书的目的不在于讲解心理病理学和心理动力学治疗，但是，采用不同模型的心理动力学临床工作者的工作方式有很多相似之处。各种心理动力学治疗的策略也许不同，但是，它们都要理解患者的故事，患者也要尽可能开放地向治疗师讲述自己的故事。治疗工作总是包括了探索患者讲故事的方式。而且，探索移情体验也总是治疗过程的一部分。每种治疗都试图理解患者如何寻求快乐、处理攻击，如何在依恋和分离之间斡旋，又如何表达自体。每种治疗都试图理解患者心理生活中的这些方面关联着怎样的感受和恐惧，患者又如何在彼此竞争的目标之间制造折中。治疗师会告诉患者他的理解，使患者能够找到更好的方法，应对生而为人带来的众多挑战。

# 为什么不同的模型是有用的、重要的

虽然各种心理模型有很多相似之处，但也有一些重要的差异。实际上，本书的一个主要目标就是让读者认识到不同模型之间的重要差别。哪种模型最好？这个问题的答案尚不清楚。其中一部分原因在于，我们缺少足够好的方法来实证性地回答这个问题。另一部分原因在于，心理是一个极其复杂的系统，它拥有许多活动着的部分。因此，也难怪既有这么多考察心理活动的方式，又有这么多的干预方法。换句话说，如果我们认为，心理的众多方面之间有着动态的互动，那么我们就应该预期到，各种不同的干预方式都会带来整个系统的改变。

例如，有位自以为是的年轻男性总是要求他人的注意，令人厌烦。强健的自体可以让他不再那么惹人讨厌。在他的感受中，施虐的超我是力量的来源。强健的自体或许能够让他较少屈从于施虐的超我。超我施虐性的降低可能会减少他的被动攻击，因为他不太需要反抗所有权威了。这可能让他允许自己享受更多的快乐。于是，他会更少地憎恨那些拥有快乐的人，而不再那么需要抢他们的风头。减少反抗也可能让他更欣赏自己的父亲，因此更能接受自己的理想。如果这位男性能更多地感受到现实的理想，而不是仅仅渴求他人的关注，他或许会更加喜欢自己。如此种种都有可能发生。理解这位年轻男性的最佳方式是多种多样的。有时，我们最好认为，他之所以把自己变成一个"惹人烦的男孩"，是为了解决被禁止的俄狄浦斯奋争；有时，我们最好认为，他需要与自己所爱的人保持亲近，即使他同时又受苦于指向他们的攻击；还有时，我们最好认为，他受苦于虚弱的、不被认可的自体，用攻击来让自己感觉更强健。在众多切入点上，我们可以想到许多干预方式。

我举的第二个例子是前文中那名有惊恐发作的年轻女性。去美甲的念头曾经导致她的惊恐发作（见第 5 章和第 6 章）。我们可以清楚地看到，每当她试图打扮自己，让自己更女性化或者更美时，她都会感到焦虑。她是在害怕竞争性的俄狄浦斯愿望吗？如果她保持朴素，像她的母亲一样，她会不会觉得自己与母亲更亲近，关系更密切了？也许变得更漂亮就意味着要与母亲分离，这令她既痛苦又害怕。从另一方面看，也许这位年轻女性不允许自己得到他人的关注，因为她的母亲在她年幼时常常处于抑郁之中，没能承认、欣赏她想被人关注的奋争。这些想法都是对的。每种想法都对应着不同的心理模型。

在这本书中，我们已经看到，每种心理模型都在努力纠正先前模型的错误。但是，每种模型又同时产生了新的问题和盲点。实际上，如果临床工作者排斥所有其他模型而只使用一种模型，那么，他就很可能会忽略患者心理的某些重要方面。因此，明智的选择是使用全部四种模型。它们分别强调心理的不同方面，拥有各自的长处。许多理论家都论述过，如何把各个模型运用到不同现象、不同人生阶段和不同种类的患者中。我们也已经看到，各种心理模型会彼此借鉴。例如，有很多理论家虽然自认为是自体心理学流派，却从客体关系中借用了容纳的母亲这一观点（见第 12 章）。

让我们再看一些例子。之前，我们曾提到一位梦见娃娃在架子上的年轻女性（见第 6 章和第 7 章）。当我们努力帮助她的时候，最好的办法是什么呢？是帮助她谈论性愿望和竞争愿望，是讨论她对丧失的恐惧，还是讨论她害怕自身的愤怒感可能会导致母亲的死亡？也许，重要的是，我们应该帮助这位年轻女性处理她的优越感（觉得自己"高于一切"），这意味着她在寻找童年期没有得到的赞赏。或者，患者的优越感是不是在防御脆弱和依赖感呢？又或者，我们最好帮她处理她对姐姐的嫉妒。这样，她就不太会因为这种嫉妒而惩罚自己，也可以允许自己追求最深层的愿望。其实，重要的是，我们要与患者讨论所有这些议题。这是最好的答案。

在第 10 章中，我们讨论过一位胆小的年轻医生。当他急急忙忙巴结奉承地去帮助治疗师时，却摔坏了自己的手机。我们应该帮他认识到他对治疗师的攻击感受吗？或者，我们应该讨论他的感受——想被别人喜爱，就必须顺从？他卑微地寻求爱，这只会让他更厌恶自己。或许，我们应当讨论这种自我厌恶感。又或者，我们应该讨论他与此有关的脆弱感。他想被认为是聪明的、有成就的，却又抵御着这些愿望，因为他忙碌的、不快乐的父母从未认可过这些愿望。最好的答案依然是：我们应当讨论所有这些议题。

那么，如何在合适的时间选择最重要的议题呢？回答这个问题是需要经验的。不同的心理模型适合不同的困扰。在不同的时刻，最能描述患者当前问题的心理模型也是不同的。然而，如果没有这四种心理模型，我们根本不会注意到许多问题的存在。我们应当在心理动力学的工具箱中同时配备所有模型。这样，我们才能倾听每位患者，理解他们的痛苦，找到帮助他们的办法。换句话说，帮助患者的最好办法就是借鉴全部的四种模型。每位患者都需要更接纳自己的躯体奋争；接纳依恋和分离的愿望；接纳自我表达和活出意义感的愿望。他们也都要处理与所有这些有关的恐惧。最后，每位患者都必须应对现实的约束，包括冲突、局限和丧失。在不同的时刻，最主要的议题是不同的。临床工作者需要全部四种心理模型来倾听各种议题。

## 生物学心理模型的重要性

面对每位患者时，好的临床工作者总会采用除心理动力学之外的众多视角。即使是最好的心理动力学临床工作者也总会从神经生物学的角度理解心理疾病。进行干预时，他同样会考虑到神经生物学的观点。确实，患有惊恐障碍的那位年轻女性或许需要接受针对焦虑的药物治疗，或者一个疗程的认知行为治疗。缓解焦虑本身就可能带来积极的动力学疗效。例如，患者可能会对自己的感觉更好，不太需要依附于她的母亲，也不太害怕独立自主了。

在本书的前言中我已经提到，精神分析心理模型与其他重要观点之间无须产生冲突，包括理解精神疾病的神经生物学观点、认知观点和文化观点等。我们的临床工作应当受到所有学科的实证研究支持，而且要与这些学科相一致。例如，发展心理学的研究告诉我们，超我并不像弗洛伊德所认为的那样，是在俄狄浦斯期的最后阶段突然发展出来的，而是随着时间的推移缓慢发展形成的。这一事实影响了我们对患者的倾听。它提醒我们注意俄狄浦斯期之前，患者对某些事件的内疚感和羞耻感。我们也知道，即使小恒河猴带有焦虑或攻击气质这样的不利基因，但如果被"超级妈妈"抚养，它们依然能够获得正常的发展结果。这一事实也同样影响到了我们的工作，让我们在心理动力学治疗中更加关注自体客体功能的重要性。

为了把精神分析心理模型与神经科学和普通心理学联系起来，我们在全书中强调了许多相关的研究领域。我们应当一起合作，来更好地理解患者。为了建立这种合作关系，每个领域都已经做出了许多努力。

## 整合的风险：给精神分析师们的提醒

有些人认为，整合各种精神分析心理模型是不可能的，也是不明智的。实际上，我在本书的前言中曾提到，精神分析界一直在争论哪种心理模型是最好或最有用的。但如果要总结这些争论，那就离题太远了。可以说，我们目前处在一个精神分析多元化的时代。努力整合似乎是在阻碍这种多元化。而且，综合模型也似乎是"太过死板"的。

实际上，在另一本我与艾斯里·山姆伯格（Eslee Samberg）合著的图书——《精神分析术语和概念》的序言中，我们便提出：在如今这个多元化的时代，当我们努力探究看不见的心理，以及心理中更加看不见的无意识时，编纂一本精神分析词典是存在一定的风险的。在序言中，我们曾努力描述我们如何找到了解决这些问题的方法——承认每个流派各有其观点，从而完成了编纂词典的工作。但是，本书中的困难更具有挑战性。因为，与词典相比，整合各种精神分析心理模型需要更多的凝缩。凝缩必然意味着要牺牲复杂性。因此，很多观点都被舍弃了。换句话说，很多读者会发现，本书的章节只是浮光掠影地介绍了一些重要观点。

但不管怎样，尝试整合都是重要的，因为每位临床工作者都需要一个稳健的、可行的精神分析心理模型。他们要在各种情况下对每个患者使用这一模型。心理健康领域中的大部分学生不会成为精神分析师。他们不会整日沉浸在复杂的精神分析理论中，不会醉心于不同理论家使用的不同词语，更不会好奇观点与观点之间的不同。因此，即使有过度简化的风险，整合也势在必行。未来的临床工作者们一定能够用我们的心理模型来帮助患者。有些读者确实想理解更加复杂的理论。本书也力图给他们提供一个出发点，让他们可以阅读更多的图书，或者接受更多的教育。以前，我曾经说过，心理动力学临床工作是了解精神分析心理模型的最佳途径。在这里，我要说，人们需要一个精神分析心理模型，才能做好临床工作。这两种说法都是正确的。

## 总结

我在本书中自始至终都强调，精神分析模型的建立应当是一个持续的过程。举例来说，读者必须理解，超我这个词仅仅只是弗洛伊德的一种命名。

他用超我描述的现象是"对错观念强烈地影响着大多数人"。但是，对于有些人而言，如果不考虑他们如何组织对自体、客体以及两者之间互动的体验，就很难谈论他们的心理运作。当临床工作者意识到这点时，客体关系理论便获得了广泛的赞同。自体心理学深入思考了自体的各个成分。要不是这种思考给我们带来了很多益处，自体心理学也不会留存到现在。弗洛伊德及其后继者曾经历的那些挑战，依然是临床工作者会一直面对的问题——我们该如何理解患者，又该如何帮助他们做出改变？只有当我们的心理模型能够帮助我们回答这些问题时，它们才算得上是重要、有用的。

**表 13-1 整合后的精神分析心理模型**

| 地形学 | 动机 | 结构/过程 | 发展 | 心理病理学 | 治疗 |
|---|---|---|---|---|---|
| **地形学模型** | | | | | |
| ➤心理被分为三个领域：<br>• 意识<br>• 前意识<br>• 无意识 | ➤总是在寻求表达的愿望构成了无意识心理<br>➤前意识/意识心理的压抑力量一直监察着无法被接纳的愿望<br>➤俄狄浦斯之争<br>➤俄狄浦斯恐惧 | ➤无意识的运作依循初级过程；前意识/意识的运作依循次级过程<br>➤监察者分隔了无意识心理与意识/前意识心理<br>➤梦<br>➤情结<br>➤幻想<br>➤故事<br>➤道德感<br>➤认同 | ➤初级过程是心理运作最早的模型；次级过程是随后发展出来的<br>➤愿望源自童年期，构成了婴儿性欲的基础<br>➤俄狄浦斯争斗和俄狄浦斯恐惧会持续到青春期和成人期<br>➤愿望变得越来越无法被接纳 | ➤神经症的起因是意识/前意识领域与无意识领域之间的冲突<br>• 被压抑物的返回<br>• 强迫性重复 | ➤自由联想（"基本规则"）<br>➤考察移情和阻抗了疗效<br>➤诠释和重构产生了疗效<br>➤洞察（"使无意识意识化"）<br>➤探索梦 |

（续表）

| 地形学 | 动机 | 结构/过程 | 发展 | 心理病理学 | 治疗 |
|---|---|---|---|---|---|
| 结构模型 | | | | | |
| ➤自我、超我和本我都有意识和无意识的方面<br>➤本我是完全无意识的 | ➤自我、超我和本我有不同的目标:<br>■自我——动态平衡和适应<br>■超我——道德命令<br>■本我——驱力<br>　*力比多<br>　*攻击<br>➤躲避危险情境<br>➤因为有彼此竞争的目标,所以冲突是永远存在的 | ➤心理被分成三个结构:自我、超我和本我<br>➤自我<br>■自我功能<br>　*防御<br>　*内化<br>　*认同<br>　□信号情感<br>　□折中形成<br>➤自我认同<br>■性格<br>➤超我<br>■自我理想<br>➤本我 | ➤自我发展<br>■埃里克森的发展阶段理论<br>➤超我发展<br>➤驱力(本我)的发展<br>➤心理性欲阶段[口欲期、肛欲期、前生殖器(阳具)期、生殖器/俄狄浦斯期、潜伏期、青春期]<br>■固着<br>■退行 | ➤自我强健/自我虚弱是心理健康/疾病的一个指标<br>➤不适应的折中可能会造成性格障碍<br>➤心理病理学理论——防御与缺陷之争 | ➤增强自我<br>➤探索冲突、防御和折中<br>➤"本我在哪里,自我就应该在哪里" |

（续表）

| 地形学 | 动机 | 结构/过程 | 发展 | 心理病理学 | 治疗 |
|---|---|---|---|---|---|
| **客体关系理论** | | | | | |
| ➤ 客体关系大多是无意识的 | ➤ 依恋愿望与分离-个体化愿望彼此冲突<br>➤ 爱/恨/矛盾情感<br>➤ 嫉妒/感恩/修复 | ➤ 客体关系<br>　▪ 自体表征<br>　▪ 客体表征<br>　▪ 自体与客体之间互动的表征<br>➤ 满足需要的客体<br>➤ 客体恒定性<br>➤ 自体恒定性<br>➤ 依恋行为系统<br>➤ 依恋的内在工作模型<br>➤ 心智化 | ➤ 依恋<br>➤ 把自体从他人中分离出来<br>➤ 偏执心位和抑郁心位<br>➤ 容纳者/被容纳<br>➤ 足够好的母亲<br>➤ 抱持性环境<br>➤ 分离-个体化<br>　▪ 分化<br>　▪ 实践<br>　▪ 和解<br>　▪ 迈向客体恒定性<br>　▪ 成为父母<br>　▪ 中年危机<br>➤ 心智化的发展 | ➤ 客体关系质量是心理健康/疾病的一项指标<br>➤ 边缘性人格组织（BPO） | ➤ 客体关系在治疗师与患者的关系中被激活<br>➤ 反移情<br>➤ 治疗师作为新的客体<br>➤ 移情焦点治疗<br>➤ 基于心智化的疗法 |

（续表）

| 地形学 | 动机 | 结构/过程 | 发展 | 心理病理学 | 治疗 |
|---|---|---|---|---|---|
| **自体心理学** | | | | | |
| ➤ 自体和自体客体大多是无意识的 | ➤ 自恋奋争或自体客体奋争 | ➤ 自体<br>➤ 自体客体<br>➤ 自体状态的梦 | ➤ 自体的发展<br>　■ 自体-自体客体基质<br>　■ 共情的照料者<br>➤ 在与镜映型自体客体的互动中，夸大自体逐渐成形<br>➤ 在与理想化自体客体的互动中，理想化双亲表像逐渐成形<br>➤ 新生自体感<br>➤ 核心自体感<br>➤ 主观自体感<br>➤ 言语的/明确的自体感<br>➤ 叙述性自体感 | ➤ 自体的健康/成熟是心理健康的一项指标<br>➤ 心理疾病被理解为是一种自体障碍<br>➤ 自恋型人格障碍（NPD）<br>　■ 婴儿自恋的延续（科胡特）<br>　■ 防御依赖（科恩伯格）<br>➤ 病理性夸大自体<br>➤ 病理性自恋<br>➤ 虚假自体（与真实自体）<br>➤ 异己自体 | ➤ 调动自恋移情<br>➤ 探索不可避免的共情失败 |

表 13-2 翻转后的表格——整合的精神分析心理模型

| | 地形学模型 | 结构模型 | 客体关系理论 | 自体心理学 |
|---|---|---|---|---|
| 地形学 | ➤ 心理被分为三个领域：<br>■ 意识<br>■ 前意识<br>■ 无意识 | ➤ 自我、超我都有意识／前意识和无意识的方面<br>➤ 本我是完全无意识的 | ➤ 客体关系大多是无意识的 | ➤ 自体和自体客体大多是无意识的 |
| 动机 | ➤ 总是在寻求表达的愿望构成了无意识心理<br>➤ 前意识／意识心理的压抑力量一直监察着无法被接纳的愿望<br>➤ 俄狄浦斯前奋争<br>➤ 俄狄浦斯期恐惧 | ➤ 自我、超我和本我有同的目标：<br>■ 自我——动态平衡和适应<br>■ 超我——道德命令<br>■ 本我——驱力<br>　* 力比多<br>　* 攻击<br>➤ 躲避危险情境<br>➤ 因为有彼此竞争的目标，所以冲突是永远存在的 | ➤ 依恋愿望与分离一个体化愿望彼此冲突<br>➤ 爱／恨／矛盾情感<br>➤ 嫉妒／感恩／修复 | ➤ 自恋奋争或自体客体奋争 |

（续表）

| | 地形学模型 | 结构模型 | 客体关系理论 | 自体心理学 |
|---|---|---|---|---|
| 结构/过程 | ➤ 无意识的运作依循初级过程；前意识/意识的运作依循次级过程<br>➤ 监察者分隔了无意识心理与意识/前意识心理<br>➤ 梦<br>➤ 情结<br>➤ 幻想<br>➤ 故事<br>➤ 道德感<br>➤ 认同 | ➤ 心理被分成三个结构：自我、超我和本我<br>➤ 自我<br>　■ 自我功能<br>　　* 防御<br>　　* 内化<br>　　* 认同<br>　　* 信号情感<br>　■ 折中形成<br>　■ 自我认同<br>　■ 性格<br>➤ 超我<br>　■ 自我理想<br>➤ 本我 | ➤ 客体关系<br>　■ 自体表征<br>　■ 客体表征<br>　■ 自体与客体之间互动的表征<br>➤ 满足需要的客体<br>➤ 客体恒定性<br>➤ 自体恒定性<br>➤ 依恋行为系统<br>➤ 依恋的内在工作模型<br>➤ 心智化 | ➤ 自体<br>➤ 自体客体<br>➤ 自体状态的梦 |

（续表）

| 发展 | 地形学模型 | 结构模型 | 客体关系理论 | 自体心理学 |
|---|---|---|---|---|
| | ➤ 初级过程是心理运作最早的模型；次级过程是随后发展出来的<br>➤ 愿望源自童年期，构成了婴儿性欲的基础<br>➤ 俄狄浦斯冲突会持续到青春期和成人期<br>➤ 愿望变得越来越难以被接纳<br>➤ 监察能力逐渐增强 | ➤ 自我发展<br>　■ 埃里克森的发展阶段理论<br>➤ 超我发展<br>➤ 驱力（本我）的发展<br>➤ 心理性欲阶段［口欲期、肛欲期、前生殖器（阳具）期、生殖器/俄狄浦斯期、潜伏期、青春期］<br>　■ 固着<br>　■ 退行 | ➤ 依恋<br>➤ 把自体从他人中分离出来<br>➤ 偏执心位和抑郁心位<br>➤ 容纳者/被容纳<br>➤ 足够好的母亲<br>➤ 抱持性环境<br>➤ 分离个体化<br>　■ 分化<br>　■ 实践<br>　■ 和解<br>➤ 迈向客体恒定性<br>　■ 成为父母<br>　■ 中年危机<br>➤ 心智化的发展 | ➤ 自体的发展<br>　■ 自体-自体客体基质<br>　■ 共情的照料者<br>➤ 在与镜映型自体客体的互动中，夸大自体逐渐成形<br>➤ 在与理想化自体客体的互动中，理想化双亲影像逐渐成形<br>➤ 新生自体感<br>➤ 核心自体感<br>➤ 主观自体感<br>➤ 言语的/明确的自体感<br>➤ 叙述性自体感 |

（续表）

| | 地形学模型 | 结构模型 | 客体关系理论 | 自体心理学 |
|---|---|---|---|---|
| 心理病理学 | ➤神经症的起因是意识/前意识领域与无意识领域之间的冲突<br>■ 被压抑物的返回<br>■ 强迫性重复 | ➤自我强健/自我虚弱是心理健康/疾病的一个指标<br>➤不适应的折中可能会造成性格障碍<br>➤心理病理学理论——防御与缺陷之争 | ➤客体关系质量是心理健康/疾病的一项指标<br>➤边缘性人格组织（BPO） | ➤自体的健康/成熟是心理健康的一项指标<br>➤心理疾病被理解为是一种自体障碍<br>➤自恋型人格障碍（NPD）<br>■ 婴儿自恋的延续（科恩伯特）<br>■ 防御性自恋（科恩伯格）<br>➤病理性夸大自体<br>➤病理性自恋<br>➤虚假自体（与真实自体）<br>➤异己自体 |

（续表）

| | 地形学模型 | 结构模型 | 客体关系理论 | 自体心理学 |
|---|---|---|---|---|
| 治疗 | ➤ 自由联想（"基本规则"）<br>➤ 考察移情和重构阻抗<br>➤ 诠释和重构产生了疗效<br>➤ 洞察（"使无意识意识化"）<br>➤ 探索梦 | ➤ 增强自我<br>➤ 探索冲突、防御和折中<br>➤ "本我在哪里，自我就应该在哪里" | ➤ 客体关系在治疗师与患者的关系中被激活<br>➤ 反移情<br>➤ 治疗师作为新的客体<br>➤ 移情焦点治疗<br>➤ 基于心智化的疗法 | ➤ 调动自恋移情<br>➤ 探索不可避免的共情失败 |

第六部分

06 附录

附录 1

# 力比多理论

力比多是弗洛伊德为性快感驱力取的名字。力比多源自拉丁文的"愿望"或"渴望"。研究力比多起源、变形和影响的观点被统称为力比多理论。读者若想完整了解本附录表格中的内容，可以参阅第 9 章（"本我和超我"）"弗洛伊德的驱力理论"这一部分。

表附 -1　力比多理论

| 力比多 | →通过防御而变形 | →结果 |
|---|---|---|
| 源自动欲区的婴儿性欲<br>口欲的<br>肛欲的<br>阳具的<br>生殖器的 / 俄狄浦斯期的 | →压抑念头，但保留兴奋 | →"正常的"性欲和前戏 |
| | →压抑念头和兴奋 | →性抑制 |
| | →直接表达力比多的某个成分 | →性欲反常（"性欲倒错"） |

（续表）

| 源自动欲区的婴儿性欲<br>口欲的<br>肛欲的<br>阳具的<br>生殖器的／俄狄浦斯期的 | →压抑和"被压抑物的返回"<br>　压抑和部分"返回"<br>　转换<br>　反向形成<br>　投射<br>　移置 | →神经症<br>　神经症：焦虑障碍<br>　神经症：转换障碍<br>　神经症：强迫障碍<br>　神经症：偏执障碍<br>　神经症：恐惧症 |
| --- | --- | --- |
| | →压抑、升华和反向形成<br>　固着于口欲期<br>　固着于肛欲期<br>　固着于阳具期 | →性格<br>　口欲性格<br>　肛欲性格<br>　阳具自恋性格 |
| | →压抑和升华 | →文化<br>　艺术<br>　科学<br>　宗教<br>　法律 |

附录 2

# 防御

许多理论家已经对防御做出了分类。例如，奥托·科恩伯格提出了最常用的心理病理分类系统。他的分类以功能运作水平为基础，包括精神病性水平、边缘性水平和神经症性水平。此外，乔治·怀欧兰特（George Vaillant）试图利用一大组男性样本的纵向研究数据，把防御风格与心理健康水平关联起来。在本附录中，我们将会同时采用二者的分类系统。

## 成熟的防御，很少损害自我运作

**利他主义**（Altruism）：个体关心他人的幸福健康，是为了避免痛苦的感受，如对自身幸福健康的焦虑。

例如，一位富有的女人把大量时间和金钱奉献给"值得的"事业，以此来满足自己的需要——让自己觉得自己是重要的，同时避免无法被接纳的自私感。

**幽默**（Humor）：个体用喜剧的态度对待令人痛苦的问题，借此减轻痛苦。

例如，一位女性日渐衰老，临近死亡。为了安慰所有人，她用自己的衰老开玩笑。

**修复**（Reparation）：对自己爱的、需要的客体持有攻击愿望会使人感到内疚或焦虑。个体认为这些攻击冲动造成了破坏或伤害。因此，他努力去修复这些破坏或伤害，以此减轻内疚感或焦虑感。

> 例如，一名年轻男性教自己的弟弟打棒球是因为他经常取笑弟弟并为此感到内疚。

**升华**（Sublimation）：个体把某个愿望从最初的目标转移到更高的社会价值上。

> 例如，一名年轻男性参加竞争性的体育运动，以此表达无法被接纳的攻击冲动，但在日常生活中，他却表现得亲切友善。

**压制**（Suppression）：个体有意识地把令人不快的思维或感受放到觉知范围以外。

> 例如，心脏病重症监护室里有位中年男性，他对自己的病情发展保持乐观的态度，有意避免考虑自己的危险的病况。

## 神经症性防御，轻度或中度损害自我运作

**移置**（Displacement）：个体把指向某一目标的兴趣或强烈情感转向另一个更能接受的目标。

> 例如，一名年轻男性被老板批评后对老板很生气。他的儿子只是轻微惹了他，他就变得愤怒，对儿子大喊大叫。

**理想化**（Idealization）：个体用过于正面的滤镜看待另一个人，借此抵挡失望感，或者借此改善自己的自体感。

> 例如，一名年轻男性认为自己的父亲在所有方面都很棒。这样，他就可以防止自己觉察到，在他的童年期，父亲曾多次让他失望。

**内摄**（Introjection）：个体内化外部世界（通常是客体）的某个方面，以此避免痛苦的感受，如丧失感或失望感。

> 例如，一名年轻女性在母亲去世后开始十分热爱烹饪，这就是她对母亲的重要方面的认同。

**情感隔离**（Isolation of affect）：个体把某事件或想法的情感意义从对该事件或想法的觉知中分隔出去，借此减少情绪冲击。理智化是情感隔离的一种形式，其主要特点是：过度运用认知活动，以此控制或抵挡无法被接纳的感受。

> 例如，一位母亲，因为有一个患有注意力缺陷/多动障碍的女儿，她自己变成了这个领域的专家，却与女儿保持着情感距离，好像对女儿的缺陷毫无情绪反应。

**投射**（Projection）：个体把自己无法接纳或忍受的想法、冲动或感受归于另一个人。

> 例如，一位好斗、热衷于竞争的年轻女性觉得别人都"跟她过不去"。

**合理化**（Rationalization）：个体用看似合理的理由解释某些感受或行为，防止自己意识到更痛苦的感受和/或动机。

> 例如，一名年轻男子借口"工作太忙"，经常在治疗会谈中迟到。这样，他就可以避免让自己感受到对治疗师的愤怒。

**反向形成**（Reaction formation）：个体把被禁止的愿望转变成对立面。

> 例如，一名年轻男性表现出对同性恋的极度恐惧，以此避免意识到自己对同性的兴趣。

**压抑**（Repression）：个体把自己无法接纳的思维和感受排除到意识状态之外。

例如，一名年轻女性不知道自己对邻居有性兴趣。但是，当邻
居在场时，她会感到紧张。

**抵消**（Undoing）：个体先前的行为给其带来了自己无法接纳的感受，如
性欲、攻击或羞耻感。于是，他通过做相反的事或者说相反的话来抵消先前
的行为后果。

例如，一名年轻男性经常敌意地取笑同事。在此之后，他通常
会补充说："我只是开个玩笑。"

## 原始的防御，明显损害自我运作

**否认/不承认**（Denial/Disavowal）：个体拒绝承认外部现实的某些方面，
以此减轻痛苦的感受。

例如，即使有大量的反对证据，心脏病重症监护室里的一位中
年男性依然坚称自己的病情正在好转。

**解离**（Dissociation）：为了防御，个体破坏了心理体验的连续性。分裂
是解离的一个特例，指的是解离互相对立的意识体验。

例如，一名年轻女子很愤怒，因为有人觉得她对好朋友的丈夫
有性兴趣，但她忽视了昨晚自己确实与他有过直白的调情。

**原始理想化**（Primitive idealization）：个体将另一个人的值得赞美的方面
和令人贬低的方面分裂开，只感受其值得赞美的方面。这样，他就可以阻挡
自己感受到对方令人贬低的方面，或者可以改善自己的自体感。

例如，一名年轻女子害怕自己对权威的愤怒，所以在治疗刚开
始时，她把现任治疗师看成"完美的"，却说她见过的或知道的所
有其他治疗师都非常糟糕。

**投射性认同**（Projective Identification）：一种人际间的防御——个体把自体的某些部分转移到某个客体上，让自己摆脱这些部分，并从内部控制这一客体。在使用投射性认同时，个体经常以特定的方式行动，影响另一位个体的行为和感受，使其与投射的部分一致。

> 例如，一名年轻女子强烈否认自己是具有攻击性的、烦人的。她的男友想与她谈论感情上的麻烦，她却一直拒绝。这使男友对她失去了耐心，于是，男友做出了愤怒的、令人厌烦的举动，试图让她一起讨论他们之间的互动。

**躯体化**（Somatization）：个体以躯体症状的形式表达自己无法接纳的感受，以此缓解它们带来的痛苦的冲击力。转换是躯体化的经典例子，指的是无法被接纳的愿望通过象征性变形，进入躯体症状中。

> 例如，一名年轻男性"不想看见"父亲不忠这一令人痛苦的事实，于是，他向医生抱怨自己"视力间歇性模糊"。

**分裂**（Splitting）：个体分离相互对立、冲突的意识体验，阻止它们整合，以此防止整合所带来的情绪冲击。

> 例如，一名年轻女性，之前一直说她的治疗师"完美""无可挑剔"，但在轻微的失望后，她就说她的治疗师"冷酷无情"。

# 其他防御机制

**利他型放弃**（Altruistic surrender）：个体极端地、无私地关心"替代者"。只有这样，他才能间接满足不被接纳的愿望。

> 例如，一名十几岁的女孩无法接纳自己对男孩的兴趣，却不知疲倦地努力让最好的朋友更有魅力。

**与攻击者认同**（Identification with the aggressor）：个体曾被某人折磨或虐待过，其后自己却采用了那个人的特征或角色，以此避免令人痛苦的被动感和羞耻感。

> 例如，一名年轻的同性恋男子曾因"太娘娘腔"而被家庭成员取笑，他也轻蔑地对待自己。

**服务于自我的退行**（Regression in the service of the ego）：退行的一种形式，尽管最初可能被用于防御，却带来了更创新的、适应性的心理功能和组织（正如在艺术创作中那样）。

> 例如，一位成功的女作家能够唤醒自己的内心，听到书中某个孩子的声音。

**转向自身**（Turning against the self）：个体把指向另一个人的无法被接纳的愿望（通常是攻击性的）引向自身。

> 例如，一位男士无法接纳自己对妻子的愤怒，经常因为他们之间的争吵而过度责备自己。

**变被动为主动**（Turning passive into active）：在互动中曾处于被动地位的个体，将自己过去的经历付诸行动时采取了主动的角色，以此回避失去控制或无助的感受和/或回忆。

> 例如，一位中年男人在童年时期曾被父亲躯体虐待。他十分享受自己的工作——在工作中他可以掌控下属，但他会回避那些让自己感到无能的情境，如求医问药。

附录3
# 术语表

楷体字表明该术语是主要条目，可以在术语表的其他地方找到它的定义。

**激活-合成理论**（Activation-synthesis hypothesis）：由霍布森和麦克卡尔里提出的梦的形成的理论（见第6章）。该理论认为，大脑会把源自脑桥的、随机的感觉运动信息与记忆中存储的信息进行合成，从而构造梦境。

**适应**（Adaptation）：为了更好地匹配外部环境，个体做出改变和／或妥协的能力。

**适应性观点**（Adaptational perspective）：精神分析心理模型内的一种观点。该观点试图理解行为和心理生活中的某些方面，这些方面的目的在于应对外部世界。

**成人依恋访谈**（Adult Attachment Interview）：由梅因开发的一种工具（见第11章），让成人回忆其与依恋有关的早期童年经历，调查回忆中存在的模板。

**情感**［Affect（s）］：指的是复杂的情绪／生理状态（既可以是愉悦的，也可以是痛苦的）。它们由身体产生，存在于身体内部，是身体系统的一部分。情感的用处在于评价自身与环境之间的关系，确保生存。情感通常被称为感受。

**情感镜映**（Affect mirroring）：是一种过程——母亲共情地解读孩子的感

受，共情地把孩子的感受反映给孩子，以此帮助孩子获得自信，使孩子相信自己能够应对强烈的情绪，学会区分自体和他人、现实和幻想。母亲对孩子的情绪镜映为孩子的心智化发展奠定了基础。

**情感耐受**（Affect tolerance）：个体体验情感状态的能力，而不是必须用防御对其予以抵挡。

**攻击性**（Aggression）：一种愿望，希望征服、压倒、伤害或毁灭他人，以及这种愿望在思维、行动、言语或幻想中的表达。

**攻击驱力**（Aggressive drive）：出自弗洛伊德的地形学模型，是一种心理能量的源泉，源于有机体的攻击性愿望。

**异己自体**（Alien self）：出自福纳吉的理论（见第12章），是一种不真实的自体感。当母亲的情感镜映是不协调的、冷漠的，或者存在其他缺陷时，孩子会发展出这种自体感。异己自体类似于温尼科特所说的虚假自体。

**利他主义**（Altruism）：一种防御，个体关心他人的幸福健康，是为了避免自己的痛苦感受，如对自身幸福健康的焦虑。

**利他型放弃**（Altruistic surrender）：一种防御，个体只有通过极端地、无私地关心"替代者"，才能间接满足无法被接纳的愿望。

**矛盾情感**（Ambivalence）：对另一个人、事物或情境同时存在相反的感受、态度或倾向。

**肛欲性格**（Anal character）：一种人格类型，其特点是明显的守秩序、顽固和执拗，这被认为与源自肛门动欲区的力比多的强烈影响有关。

**肛欲期**（Anal phase）：心理性欲发展的第二个阶段（18个月～3岁）。在此期间，源自肛门动欲区的力比多主导着心理生活的结构。

**焦虑**（Anxiety）：一种情感，是担忧和预期有危险所带来的一种痛苦体验。

**依恋**（Attachment）：有生物学基础的、婴儿与照料者之间的纽带。

**依恋行为系统**（Attachment behavioral system）：依恋理论中的一个装置，内嵌有婴儿与照料者的天生行为特点，保证了依恋的建立。

**依恋理论**（Attachment theory）：由鲍尔比提出的一种依恋观点（见第 11 章）。它涵盖了整个生命过程中的发展、儿童与成人的模式。

**自体性欲**（Autoerotic）：力比多的目标指向儿童自己的身体，而不是指向另一个人。

**自动思维**（Automatic thoughts）：出自认知心理学或认知行为疗法，指的是无意识的心理活动。

**自主的自我功能**（Autonomous ego functions）：心理天生具有的能力，包括思维、记忆、知觉、认识和运动，其发展与冲突无关，也可以被说成自主发展的。

**平均可预期环境**（Average expectable environment）：一种养育环境，在此环境中，婴儿的能力能够进行可预测的、逐步的发展。

**行为主义**（Behaviorism）：心理学的一个分支，致力于用一系列的刺激-反应链解释人类（和动物）的活动。这些刺激和反应是通过强化被联结起来的。

**边缘性人格组织**（Borderline personality organization）：科恩伯格提出的一种精神分析诊断（见第 11 章）。边缘性人格组织的特点是自我虚弱和客体关系紊乱，包括缺乏整合的自体和客体表征。

**阉割焦虑**（Castration anxiety）：是一种恐惧。个体害怕无法被接纳的愿望会导致被惩罚，如失去生殖器或身体，或者生殖器或身体受伤。

**宣泄疗法**（Cathartic method）：布洛伊尔在治疗癔症患者时使用的技术（见第 2 章）。该技术包含了催眠，以及表达与被隐匿的想法有关的情感。

**监察者**（Censor）：出自弗洛伊德的地形学模型，是压抑的代理者。它让被评定为无法被接纳的心理内容远离意识。

**监察**（Censorship）：出自弗洛伊德的地形学模型，某些愿望会被其评定成是意识无法接纳的，然后被压抑掉。

**性格**（Character）：个体稳定、持久的倾向、态度、认知风格和心境。

**性格障碍**（Character disorder）：是个体人格结构的紊乱，其中包含刻板的行为模式。这些行为模式给患者带来麻烦，或者使其难以达成目标，但患者却很少因此产生主观困扰。

**共造体验**（Co-created experience）：一种过程。它把关系中两个人的主观体验整合成单一的体验。

**认知心理学**（Cognitive psychology）：心理学的一个分支，集中研究人们如何认识事物。认知心理学的假设是，心理中存在着稳定、自主的认知结构或表征。它们在有机体内部运作（类似于电脑中的软件程序），可以解释有机体的行为（或输出）。

**认知性无意识**（Cognitive unconscious）：不在觉察范围内的心理活动，指的大多是与信息加工有关的现象。

**情结**（Complex）：一系列无意识的、彼此关联的感受和想法。它们形成了心理中的网络或模式。

**折中 / 折中形成**（Compromise/compromise formation）：一种心理产物。它反映了自我如何解决本我、超我与外在现实之间彼此竞争的要求。

**心理的计算机模型**（Computational model of the mind）：认为人类的心理或大脑（或两者都）是信息处理系统（仿佛其内部有个符号操作器，一步接一步地运作，计算输入、产生输出）的一种观点。

**凝缩**（Condensation）：一种心理过程。它使单个想法能够代表许多与其有关的想法。个体通过联想把这些想法联系起来。

**冲突**（Conflict）：心理内部的一种斗争。冲突存在于目标对立的想法、感受或结构之间。

**冲突理论**（Conflict theory）：是一种理论，研究自我如何制造折中，从而管理本我、超我与外在现实之间互相冲突的目标。

**对质**（Confrontation）：是一种治疗干预，即治疗师让患者注意意识体验的某些方面。这些方面是显而易见的，而患者却回避或否认它们。

**意识**（Conscious）：出自弗洛伊德的地形学模型，是心理中能够被觉察到的那部分。

**意识状态**（Consciousness）：一种心理状态，其特点是觉察和自我觉察。

**容纳者/被容纳**（Container/contained）：出自比昂的理论（见第 11 章），是一类照料行为，包括抚慰和言语化，可以把婴儿混乱的体验转化为更能忍受的心理内容。

**转换**（Conversion）：一种象征性变形，把无法被接纳的愿望转化为躯体症状。

**核心自体感**（Core sense of self）：出自斯坦恩的理论（见第 12 章），是自体发展的第二个阶段（2～6 个月）。斯坦恩的理论揭示了在与母亲/照料者的互动中，孩子的自体感是如何发展起来的。

**矫正性情绪体验**（Corrective emotional experience）：出自亚历山大和弗伦奇的理论（见第 11 章），是一种疗愈性改变。治疗师努力让自己与患者的父母不一样，这便带来了矫正性情绪体验。

**反移情**（Countertransference）：治疗师对患者的反应，既可以是意识的，也可以是无意识的。这些反应既包括那些主要针对治疗师自己内心生活的，也包括那些主要针对患者的。

**危险情境**（Danger situations）：能令所有人产生焦虑的环境，包括失去重要客体，失去客体的爱，阉割焦虑，以及超我的反对（或内疚）。

**日间残余**（Day residue）：在做梦前一天清醒时发生的事件，后来作为象征出现在梦中。

**防御**（Defense）：无意识的心理策略，用于避免体验到痛苦的心理状态。

**防御机制**（Defensc mechanism）：一种定义明确、描述清晰的防御，如压抑、反向形成或升华。

**防御风格**（Defensive style）：个体特征性的防御模式，是性格的重要成分。

**亏缺**（Deficit）：心理结构中的弱点，缘于早年缺失。

**否认**（Denial）：一种防御，即个体拒绝承认外在现实的某些方面，借此减轻痛苦感受，也被称为不承认。

**抑郁性焦虑**（Depressive anxiety）：一种恐惧，即害怕自己的愤怒感受会危及或伤害到自己需要的、自己所爱的客体。

**抑郁心位**（Depressive position）：出自克莱因的理论（见第 11 章），是一个发展阶段。该阶段的标志是获得整合能力——个体能够整合其与客体之间体验中好的方面和坏的方面。

**叙述性无意识**（Descriptive unconscious）：是一种心理活动。它在特定时间点处于觉察范围之外，但对其施加注意时，可以轻松地把它带进觉察范围内。

**发展线索**（Developmental lines）：功能和行为的清晰的发展顺序。这些功能和行为包括愿望、恐惧、自体调节、道德、自体和客体表征，以及自恋奋争。

**发展性观点**（Developmental point of view）：该观点认为行为和心理生活是从婴儿到成年期逐渐发展出来的，具有发展上的意义。

**分化**（Differentiation）：出自马勒的理论（见第 11 章），是分离-个体化过程的一个亚阶段。在这一阶段，婴儿开始对外部世界表现出兴趣。

**不承认**（Disavowal）：见否认。

**自体障碍**（Disorder of the self）：出自于自体心理学，是一类心理病症，其特征是自体存在弱点。

**移置**（Displacement）：一种过程，即把附着在某目标上的兴趣或张力重新导向另一个有关联的目标，常常被用来防御。

**解离**（Dissociation）：个体为了防御，破坏心理体验的连续性。

**梦**（Dream）：一种心理事件，在睡眠时发生，由表象、想法和情绪集群构成。

**梦的工作**（Dream work）：把隐梦思维转变为显梦的过程。

**驱力**（Drive）：动机性力量的心理表征。这种动机性力量源自躯体，是个体的生理需要造成的。

**驱力理论**（Drive theory）：一种理论，它研究驱力在发展、正常功能运作和心理疾病中的作用。

**动态/动力性**（Dynamic）：多种心理力量或动机持续相互作用的状态。

**动力性无意识**（Dynamic unconscious）：是一种心理活动，即个体借助压抑的力量，主动拒绝这种心理活动进入意识之中。

**自我**（Ego）：出自弗洛伊德的结构模型，是心理的执行代理，负责调解驱力（本我）、外部世界和超我之间的要求。

**自我不协调**（Ego dystonic）：是一类行为。在个体的体验中，这些行为与其对自己的主要看法不协调。

**自我功能** ［Ego function（s）］：自我特有的能力，用于自体调节和/或适应，如认识、知觉、记忆、运动、情感、思维、语言、象征化、现实检验力、评价、判断、监察、冲动控制、情感耐受、防御，以及冲突调解等。

**自我理想**（Ego ideal）：是存放标准、价值观和完美形象的仓库，个体用它们来评价自己。

**自我同一性**（Ego identity）：出自埃里克森的理论（见第8章），是稳定自体感的聚合物——把自己体验为社会中的独特个体。

**自我心理学**（Ego psychology）：心理学的一个分支，可以大致等同于结构模型。它强调自我这一概念，以及自我在心理功能运作中起到的作用。

**自我强健**（Ego strength）：出自结构模型，是一种心理健康状态。其特点是能够满足自体调节和/或适应的需要，充分发挥自我功能，包括现实检验力与社会判断、抽象思维、情感耐受、冲动控制，以及灵活使用恰当的防御机制。

**自我协调**（Ego syntonic）：是一类行为。在个体的体验中，这些行为与他对自己的主要看法相协调。

**自我虚弱**（Ego weakness）：出自结构模型，是一种心理病理状态。其特点是不能满足自体调节和/或适应的需要，无法实现自我功能。

**具身**（Embodiment）：一种观点，认为从本质上讲，心理与身体之间的联结塑造了心理。

**涌现型特性**（Emergent property）：指的是某一系统的特性，该系统依赖于另一系统（如同心理之于脑），却不能用适用于另一系统的术语描述它，因此必须用新术语描述新的（或涌现的）特性。

**新生自体感**（Emergent sense of self）：出自斯坦恩的理论（见第 12 章），是自体发展的第一个阶段（从出生到 2 个月）。斯坦恩的理论揭示了在与母亲 / 照料者的互动中，孩子的自体感是如何发展起来的。

**共情**（Empathy）：感受、设想或者感觉到他人体验的能力。

**经验主义**（Empiricism）：是一种信念，即相信宇宙真理的唯一来源是感官证据。

**嫉妒**（Envy）：是一种感受，即希望拥有另一个人拥有的东西，常常伴有指向该人的破坏性的感受。

**渐成论**（Epigenesis）：是一种观点。它认为个体与环境之间有一系列逐次的交互。在这些交互中，发展得以前进。每个阶段的结果都依赖于之前所有阶段的结果。

**动欲区**（Erotogenic zone）：躯体的一部分，是力比多兴奋或满足的源泉。西格蒙德·弗洛伊德假设了动欲区的发展序列：口欲的、肛欲的、阳具的和生殖器的。

**虚假自体**（False self）：出自温尼科特的理论（见第 12 章），是为了回应他人的需要、期望和要求而生成的自体体验（与此相反的是真实自体。真实自体是为了回应个体自身的需要、期望和要求而生成的。）

**幻想**（Fantasy）：一种叙述形式的、想象的脚本。想象者在其中担当主角，而且常常处于情绪负荷的状态。

**固着**（Fixation）：某特定发展阶段对成年功能运作造成的持久的、强烈性的影响。

**自由联想**（Free association）：是心理动力学治疗的一种技术，该技术要求患者暂停对自己思维进程的意识控制，从而揭示无意识如何影响患者的主观体验。

**机能主义**（Functionalism）：是心理学的一个分支，该理论试图探索心理生活的功能或目的。

**基本规则**（Fundamental rule）：是治疗师对患者提出的一项要求——报告进入脑海中的任何东西，说话时尽可能减少监察。

**起源学观点**（Genetic perspective）：在精神分析心理模型中，起源学观点认为，成年患者报告的自身发展过程是其体验的重要决定物。

**生殖器期**（Genital phase）：心理性欲发展的第四个阶段，位于口欲期、肛欲期和阳具期之后。有时，生殖器期与俄狄浦斯期被合称为生殖器 / 俄狄浦斯期。

**足够好的母亲**（Good-enough mother）：出自温尼科特的理论（见第 11 章）。足够好的母亲会给婴儿提供照料、最佳反应性和安全感，使婴儿能够茁壮成长。

**夸大自体**（Grandiose self）：出自自体心理学，是自体的一个组成部分。它体现了追求全能和独特的天生自恋奋争的最初表达。

**内疚**（Guilt）：一种焦虑感，觉得自己是罪恶的。当个体想到自己在道德上的过错时，会出现这种感受。

**享乐原则**（Hedonic principle）：源自普通心理学的一条原理。它坚称行为和心理活动总是追求愉悦的最大化和痛苦的最小化。

**抱持性环境**（Holding environment）：出自温尼科特的理论（见第 11 章），指由足够好的母亲（或照料者）所创造的环境。

**动态平衡**（Homeostasis）：心理的内在平衡或自体调节的稳定状态。

**幽默**（Humor）：一种防御，个体用喜剧的态度对待令人痛苦的问题，借此减轻痛苦。

**催眠**（Hypnosis）：一种变化了的意识状态（伴有脑波的改变），由特殊技术诱导出来，常用于治疗。

**癔症**（Hysteria）：一类心理疾病，其特征是患者有明显的躯体症状，却没有明确的解剖学或生理学病因。

**本我**（Id）：出自弗洛伊德的结构学模型，是驱力的所在地，包括性渴望和攻击渴望。本我的内容永远是无意识的。

**理想化**（Idealization）：个体为某人或某物赋予绝佳的品质。理想化是一种防御，个体透过过度正面的滤镜看待另一个人，从而防止失望，或者改善自己的自体感。

**理想化双亲影像**（Idealized parental imago）：出自自体心理学，是自体的一个组成部分。它体现了个体生来就需要主要照料者是完美的。

**理想化自体客体**（Idealized selfobject）：出自自体心理学，照料者被体验成是完美的，从而允许理想化双亲影像的健康发展。

**理想化移情**（Idealizing transference）：出自自体心理学，患者把治疗师看成绝好的，体现了理想化双亲影像在治疗师身上的复苏。

**认同**（Identification）：一种过程，个体的自体表征在其中被调整，从而类似于某个客体表征。

**与攻击者认同**（Identification with the aggressor）：一种防御。个体曾被某人折磨或虐待，其后自己却采取了那个人的特征或角色，以此避免令人痛苦的被动感和羞耻感。

**同一性**（Identity）：把自己体验为社会中一位独特个体的稳定感受。

**同一性弥散（身份认同弥散）**（Identity diffusion）：自体表征缺乏一致性，导致个体无法整合自体的所有方面。

**印刻**（Imprinting）：按照劳伦兹的理论（见第 11 章），印刻是一种行为，即刚出生的动物把另一个动物当成父 / 母。

**个体化**（Individuation）：出自马勒的分离-个体化理论（见第 11 章），是儿童发展出自主感和独特性的过程。

**婴儿性欲**（Infantile sexuality）：孩童的性欲和 / 或情爱感，尤其表现为心理性欲阶段中的内容。

**洞察**（Insight）：对无意识的了解，常通过诠释获得。

**本能**（Instinct）：在普通心理学中，本能指的是物种特有的行为模式，经遗传获得，无须学习。

**理智化**（Intellectualization）：一种防御过程，个体过度使用认知活动，以此控制或阻挡无法被接纳的感受。

**内化**（Internalization）：指一系列过程。个体借助这些过程把外部世界的某些方面纳入心理世界中。

**内化的同性恋恐惧**（Internalized homophobia）：一种过程——同性恋个体用同性恋恐惧的方式对待自己，或认同攻击者，以此应对周围文化中的同性恋恐惧。

**依恋的内在工作模型**（Internal working models of attachment）：出自鲍尔比的理论（见第 11 章），是一些心理表征，其中包括了自体、客体以及它们之间的互动的表征。这些都与依恋有关。

**人际间的**（Interpersonal）：位于外部世界中的两个或多个个体之间的。

**诠释**（Interpretation）：治疗师直接告诉患者自己对其做出的推断，即患者的无意识心理是如何运作的，包含了什么内容。

**系统间冲突**（Intersystemic conflict）：位于心理不同区域（如本我和超我）的那些彼此对立的愿望、思维或感受之间的一种心理内部的争斗。

**系统内冲突**（Intrasystemic conflict）：位于同一个系统中（如本我中）的那些彼此对立的愿望、思维或感受之间的一种心理内部的争斗。

**内摄**（Introjection）：个体内化外部世界（通常是客体）的某个方面以避免诸如丧失感或失望感等痛苦感受的一种防御。

**内省**（Introspection）：探查个体内部心理体验的过程。

**内省主义**（Introspectionism）：心理学的一个分支，与冯特有关（见第 3 章）。内省主义的特点是仔细考察主观体验，以此了解心理最基本的元素。

**隔离**（Isolation）：个体把事件、想法或心理体验的某些部分彼此分隔以减弱其情绪冲击力的一种防御。

**情感隔离**（Isolation of affect）：隔离最常用的形式，个体把某个想法、经历或记忆与相关的感受分隔开以减弱其情绪冲击力。

**潜伏期**（Latency）：儿童期的一个发展阶段（大约在 5 ~ 12 岁）。该阶段最初由西格蒙德·弗洛伊德界定，指的是俄狄浦斯期与青春期之间的时期。其特点是先前活跃的力比多驱力和攻击驱力平静下来，性兴趣明显减少。

**隐梦思维**（Latent dream thoughts）：梦潜藏的内容，由无法被接纳的想法和感受构成。

**力比多**（Libido）：心理能量的源泉，产生自有机体的性愿望，来源于心理性欲发展的各个层面。

**力比多理论**（Libido theory）：西格蒙德·弗洛伊德的理论，论述了个体心理和文化心理中力比多的起源、变形和影响（见第 9 章和附录 1）。

**显梦**（Manifest dream）：梦者醒来后能够回忆、讲述的梦。

**唯物论**（Materialism）：一种观点，该观点认为宇宙中的一切都可以根据物质和能量的特性来理解，并可以用测量结果对其加以描述。

**心智化**（Mentalization）：一种能力，体现为个体能够按照他人的心理状态（如信念、渴望、感受和记忆等）来理解他人的行为；能够反思自己的心理状态；而且，能够理解自己的心理状态可能影响他人的行为。也被称为反思功能。

**基于心智化的疗法**（Mentalization-Based Treatment）：巴特曼和福纳吉发展出来的疗法（见第 11 章）。该疗法的目标在于提升心智化能力，以此治疗严重的人格障碍。

**麦斯麦术**（Mesmerism）：由弗朗茨·安东·麦斯麦发展出的理论和实践（见第 2 章）。麦斯麦假设人体内有种隐形的液体。他相信，疾病的成因是隐形液体的自由流动受到了干扰，磁力（"动物磁性"）可以矫正被阻断的流动。麦斯麦的治疗理论提出，治疗师或"磁疗师"要引发患者的类昏睡状态，然后通过融洽的关系渠道，把自身更强、更好的液体传递给患者。

**元认知**（Metacognition）：一种思考自己思维的过程。

**中年危机**（Midlife crisis）：个体人生的转折点，于中年期到来，伴有情绪上的扰乱。

**心理**（Mind）：个体对知觉、感受、思维、意志和理性的体验，是意识的或无意识的。

**心身二元论**（Mind–body dualism）：一种认为心理和身体在本质上完全不同的观点。

**镜映型自体客体**（Mirroring selfobject）：出自自体心理学，指的是照料者，他为孩子的夸大自体提供赞赏、认可和乐趣，使孩子的夸大自体能够恰当地发育、成熟。

**镜像神经元**（Mirror neurons）：是一种神经元。当个体做出某种行为时，这些神经元会被激活；当他看见其他人做出同样的行为时，它们也会被激活。

**镜映移情**（Mirror transference）：出自自体心理学，是心理治疗中产生的一种情况——患者的夸大自体复苏，需要治疗师对其予以赞赏、认可。

**模型**（Model）：一种假想出来的结构。它展示了一个复杂的系统，该系统不能被整体直接观察。

**动机性观点**（Motivational point of view）：在精神分析心理模型中，动机性观点致力于理解各种心理力量（或者目的和奋争）的相互作用。

**自恋**（Narcissism）：个体对自身或自体某方面的投注。

**自恋性暴怒**（Narcissistic rage）：出自科胡特对自体障碍的理论（见第 12 章），是一种极端的情绪状态。个体觉得自体受到威胁，产生了自恋性暴怒。其范围覆盖了激惹到狂怒，而且伴有羞耻、受辱和 / 或失望感。

**叙述性自体感**（Narrative sense of self）：出自斯坦恩的理论（见第 12 章），是自体发展的第五个阶段（始于 3 岁或 4 岁）。斯坦恩的理论揭示了在与母亲 / 照料者的互动中，自体感是如何发展起来的。

**叙述性心理结构**（Narrative structure of the mind）：精神分析心理模型中的一个概念，认为心理生活是由故事塑造的。

**先天和后天**（Nature versus nurture）：持续存在的一种争论，即某一特定现象是由个体本身的性质（先天）造成的，还是源于外部养育环境的影响（后天）。

**满足需要的客体**（Need-satisfying object）：婴儿对母性客体的最初体验——客体被体验成只是为了满足婴儿的需要而存在。

**反向俄狄浦斯情结**（Negative oedipus complex）：孩子与父母之间的一类俄狄浦斯互动，即把同性父／母当成爱的客体，把异性父／母当成对手。

**神经症**（Neurosis）：一种心理疾病，其特点是僵化、不适应的行为，体现了解决无意识冲突的一种方式。

**客体**（Object）：个体的愿望和需要所针对的人。

**客体恒定性**（Object constancy）：一种能力，能够让个体在面临挫败、愤怒和／或失望时，保持对母亲（或其他人）的略带正向的感受。

**客体恒常性**（Object permanence）：一种认知能力——当某个客体（有生命的或无生命的）从知觉中消失时，个体能够知道该客体是依然存在的。

**客体关系**（Object relations）：由三部分组成的心理结构，即自体表征、客体表征以及这两者之间充满情感的互动的表征。

**客体关系理论**（Object Relations Theory）：一种心理模型。它试图了解客体关系如何在孩童期逐渐发展，又如何在整个人生中维持下来，以及它们如何与其他的结构和动机相互作用，又如何影响着心理的运作和行为。

**客体表征**（Object representation）：个体对其生活中某个客体形成的心理表象。客体表征既包含了外在真实客体的某些方面，也浸染了个体对客体的幻想。

**客体寻求**（Object seeking）：力比多目标指向他人。与此相反的是，力比多目标指向儿童自己的身体（自体性欲）。

**观察性自我**（Observing ego）：有意识心理的一部分，能够自我反思，在治疗中会被激活。

**俄狄浦斯期／阶段**（Oedipal period/stage）：俄狄浦斯情结出现的时期（3～6岁）。

**俄狄浦斯胜利**（Oedipal victor）：男孩感到自己战胜了父亲，得到了母亲的专有情感，或者女孩感到自己战胜了母亲，得到了父亲的专有情感。

**俄狄浦斯情结**（Oedipus complex）：作为与父母互动的孩子，个体对自身的角色产生了一系列的感受和想法，包括想与某位父／母浪漫结合的愿望，以及想要除掉另一个与自己竞争的父／母的愿望。

**迈向客体恒定性**（On the way to object constancy）：出自马勒的理论（见第 11 章），是分离–个体化的最后阶段。在该阶段，孩子学会整合对母亲的正性和负性感受／想法。

**口欲性格**（Oral character）：一种人格类型，其特点是贪婪、依赖、索取和缺乏耐心，被认为与源自口唇动欲区的力比多的强烈影响有关。

**口欲期**（Oral phase）：心理性欲发展的第一个阶段（大约是生命最初的18 个月）。在此期间，源自口唇动欲区的力比多主导着心理生活的结构。

**多元决定**（Overdetermination）：一种观测结论——心理生活的任何现象都可以有多种心理成因。

**偏执心位**（Paranoid position）：出自克莱因的理论（见第 11 章），是最早的心理组织，其特点是主动、活跃地分裂体验中好的方面和坏的方面，附带着将体验中坏的方面投射（后来是投射性认同）到客体上。

**动作倒错**（Parapraxis）：一类症状行为，是众多认知或机能错误中的一种，如口误、忘记名字或词语、笔误或闪失动作等。

**部分客体**（Part object）：出自克莱因的理论（见第 11 章），某客体只被体验到单一的方面或属性，如一个全好的客体或一个全坏的客体。

**病理性夸大自体**（Pathological grandiose self）：出自科恩伯格对自恋型人格障碍的理论（见第 12 章），是一种自体组织，用于满足个体的防御需要——避免自己依赖他人。

**病理性自恋**（Pathological narcissism）：按照科恩伯格的理解（见第 12 章），病理性自恋是他对自恋病症的称呼，其核心特征是病理性夸大自体这一结构。

**阴茎嫉妒**（Penis envy）：按照弗洛伊德的说法，阴茎嫉妒意味着女孩或女人不满意自己的生殖器，渴望拥有男性的生殖器。

**迫害焦虑**（Persecutory anxiety）：出自克莱因提出的理论（见 11 章），个体觉得自己处于危险中，害怕自己会被坏客体毁灭，而坏客体存放了所有被投射的、个体自己的攻击。

**阳具自恋性格**（Phallic narcissistic character）：一种人格类型，特点是表现欲和极端的性别角色行为，被认为与源自阳具动欲区的力比多的强烈影响有关。

**阳具期**（Phallic phase）：心理性欲发展的第三个阶段（始于 2 岁，终于俄狄浦斯期）。在此期间，源自阳具（阴茎或阴蒂）动欲区的力比多主导着心理生活的结构。阳具期常被称为前生殖器期。

**物理决定论**（Physical determinism）：一种信条，即认为物质世界中发生的事件是由物质世界中的其他事件引起的。

**快乐 / 不快乐原则**（Pleasure/unpleasure principle）：快乐 / 不快乐原则断言，行为和心理活动总是追求愉悦的最大化，不适或痛苦的最小化。

**心位**（Position）：出自克莱因的理论（见第 11 章），是一种自体和客体表征的稳定构造。愿望、想法、感受以及个体与照料者之间的互动共同影响、造就了这种稳定的构造。

**正向俄狄浦斯情结**（Positive oedipus complex）：一种孩子与父母间的俄狄浦斯互动，孩子把异性父 / 母当成爱的客体，把同性父 / 母当成对手。

**实证主义**（Positivism）：一种指导原则，试图以不可否认的事实和经验主义方法为基础，系统化世界上的所有知识。

**练习阶段**（Practicing）：出自马勒的理论（见第 11 章），是分离−个体化过程的一个亚阶段。在此阶段中，孩子会离开母亲，尝试保持距离，享受自己新发展出来的爬行和走路的能力。

**前意识**（Preconscious）：出自弗洛伊德的地形学模型，是心理装置三个部件中的一个（心理装置的三个部件是意识、前意识和无意识）。前意识的元素是非意识的，但是，通过集中注意力，我们可以轻易地把它们带进意识觉知范围。

**前俄狄浦斯期 / 阶段**（Preoedipal period/stage）：从出生到俄狄浦斯期开端之间的发展时期（3 ~ 6 岁）。

**原初场景**（Primal scene）：孩子对父母性交的觉察，以及孩子为此赋予的意义。不管这种觉察是真实看到的、听到的，还是仅仅是想象出来的。

**原初女性观**（Primary femininity）：一种女性发展观。这种观点主张，身为女性的最初感受不是基于冲突的，也不是一种对劣等感的反应。

**初级过程**（Primary process）：一种原始的思维形式，与快乐原则联系在一起。其特点是依赖于象征化、移置和凝缩，不考虑逻辑关联、矛盾和时间现实。初级过程的内容大多是愿望、情感、冲突和 / 或无意识幻想。在弗洛伊德的地形学模型中，初级过程与心理的无意识领域有关。

**原始理想化**（Primitive idealization）：一种防御，即个体把另一位个体身上值得赞美和令人贬低的方面分裂开，只感受值得赞美的方面，借此抵挡与令人贬低的方面有关的感受，或者改善自己的自体感。

**投射**（Projection）：一种防御，即个体把自己无法接纳的或无法容忍的想法、冲动或感受归于另一个人。

**投射性认同**（Projective identification）：一种人际间的防御，即个体把自体的某些部分转移到某客体上，目的在于让自己摆脱这些部分，并从内在控制这一客体。

**心理决定论**（Psychic determinism）：一种信条，即认为心理事件是由其他心理事件引起的，其变化遵循一定的自然规律。或者说，心理生活是由规律决定的。

**心理能量**（Psychic energy）：在弗洛伊德的理论中，心理能量是所有心理活动背后的力量。

**心理现实**（Psychic reality）：指主观心理体验，被认为是内部愿望、恐惧与外部世界持续相互作用的结果。

**精神分析**（Psychoanalysis）：心理学的一个分支，由弗洛伊德创建，涵盖了心理的模型、治疗、探索内心生活的方法等多个领域。精神分析心理模型依据以下这些方面来探索心理生活：地形学、动机、结构和发展。它也考察了该模型对理解心理病理和治疗做出的贡献。

**心理动力的**（Psychodynamic）：与心理力量或动机有关的。

**心理学**（Psychology）：对心理和行为的研究。

**心理性欲期**（Psychosexual phases）：指一些发展阶段，是力比多理论的一部分。它假设婴儿和儿童在发展中会经历一系列有次序的、彼此交叠的阶段——口欲期、肛欲期、阳具期和生殖器期。每个时期都体现了对不同动欲区的强烈快感投注。

**心理治疗**（Psychotherapy）：利用心理学方法，而非医学方法，对精神障碍进行的治疗。

**和解阶段**（Rapprochement）：出自马勒的分离-个体化理论（见第 11 章），是一个亚阶段。其特点是彼此冲突的依赖感和暴怒感，因为儿童重新认识到了与母亲之间的分离。

**和解危机**（Rapprochement crisis）：出自马勒的分离-个体化理论（见第 11 章），是儿童在和解亚阶段感受到的冲突——儿童既有依赖母亲的愿望，又有自主的愿望。该冲突经常伴随着愤怒感和心境的大幅度波动。

**合理化**（Rationalization）：一种防御，即个体用看似合理的原因解释感受或行为，防止自己认识到更痛苦的感受和 / 或动机。

**反向形成**（Reaction formation）：一种防御，即个体把被禁止的愿望转变成其对立面。

**现实原则**（Reality principle）：现实原则认为，即使在追求愉悦时，行为和心理活动都会考虑外在世界的限制。

**现实检验力**（Reality testing）：一种能力，拥有这种能力的个体能够理解外部现实的众多方面，最初表现为能够分辨现实和幻想。

**重构**（Reconstruction）：治疗师做出的一类诠释——推测被患者遗忘了的或压抑了的过去。

**反思功能**（Reflective function）：见心智化。

**退行**（Regression）：心理现象沿着正常发展方向的反方向变化。例如，个体用早期发展阶段的愉悦感取代晚期发展阶段的愉悦感，以此防御晚期发展阶段带有的危险。

**服务于自我的退行**（Regression in the service of the ego）：退行的一种形式。尽管它最初可能被用于防御，却带来了更创新的、具有适应性的心理功能和组织（正如艺术创作中的那样）。

**修复**（Reparation）：出自克莱因的理论（见第 11 章）。个体感到自己对所爱、所需要的客体怀有攻击性愿望，因此产生了内疚感或焦虑感。在想象中，这些攻击性冲动造成了破坏或伤害。个体努力试图修补破坏或伤害，借此减轻内疚感或焦虑感。

**强迫性重复**（Repetition compulsion）：指个体倾向于重复某些行为模式，或者再次创设某些情境。这些行为模式或情境可能是令人痛苦的或自毁的。个体意识不到这些行为 / 脚本与被压抑的早年愿望或幻想有关。

**表征**（Representation）：心理中稳定的心理结构，代表了位于或曾位于心理外部的东西。在精神分析心理模型中，该术语通常指的是自体的内化表象、客体的内化表象，以及两者之间的互动的内化表象。

**压抑**（Repression）：一种防御，即个体把无法被接纳的思维和感受排除到意识状态之外。

**阻抗**（Resistance）：心理动力学治疗中的一种现象，指的是患者在自由联想时表现出的明显的中断。

**被压抑物的返回**（Return of the repressed）：一种现象，被认为隐藏在神经症背后——已经被压抑了的、无法被接纳的想法又以症状的形式重新出现。

**图式**（Schema）：在普通心理学中，图式指的是一种结构，或者一种相对稳定的心理构造。

**制造精神分裂症的养育**（Schizophrenogenic mothering）：出自目前已声名狼藉的理论。制造精神分裂症的养育指的是一种养育特点，被认为是精神分裂症的成因。

**次级过程**（Secondary process）：与现实原则相连的一种思维，其特点是合理、有序、具有逻辑性。在弗洛伊德的地形学模型中，次级过程与心理的前意识和意识领域有关。

**诱惑假说**（Seduction hypothesis）：弗洛伊德对癔症的早期理论（见第 7 章）。诱惑假说提出，症状的成因是照料者对孩子施加的性行为。

**自体**（Self）：一种心理结构或表征。个体对"我"的主观感受构成了自体。在自体心理学中，自体是心理的上级结构。

**自体恒定性**（Self constancy）：一种能力，是个体即使在面对失败或其他自尊威胁时，也能保持积极的自体表征。

**自体客体**（Selfobject）：出自自体心理学，是个体用来维持或支持自体的另一个人。

**自体客体移情**（Selfobject transference）：出自自体心理学。自体客体移情可以是活跃在心理治疗中的任何移情，只要在移情中患者的自体客体需要面向治疗师被重新激活。

**自体心理学**（Self Psychology）：一种以自体的发展和运作为基石的心理模型。

**自体表征**（Self representation）：个体对自身的心理表象。这种表征包含了对内部刺激的体验，对自体的幻想（这类幻想精细复杂，而且与客体有关），以及一些内化的知觉——他人是如何看待自己的。

**自体-自体客体基质**（Self-selfobject matrix）：出自自体心理学，是个体与另一个人的结合物，用于维持或支持自体。婴儿与主要照料者构成了最早的自体-自体客体基质。

**自体状态的梦**（Self-state dreams）：出自自体心理学，是一种梦，表征着梦者的自体状态。

**分离阶段**（Separation）：出自马勒的分离-个体化理论（见第 11 章）。在这一阶段，儿童会形成区别于客体心理表征的自体心理表征。

**分离焦虑**（Separation anxiety）：婴儿约六个月大时出现的一种焦虑，是婴儿在远离母亲或远离主要照料者的情境下产生的反应。

**分离–个体化**（Separation-individuation）：马勒提出的一个发展过程（见第 11 章）。在分离–个体化过程中，儿童必须形成区别于客体心理表征的自体心理表征（分离阶段），也必须发展出特有的性格，使自体不仅区别于客体，还变得独特、自主（个体化阶段）。

**性欲 / 心理性欲**（Sexuality/psychosexuality）：对一切形式的躯体快感的寻求。

**羞耻**（Shame）：一种焦虑感，或者觉得自己是糟糕的，与下述情况有关——个体觉得别人可能认为自己是糟糕的或劣等的。

**信号情感**（Signal affect）：从过去回忆起来的情感体验（或愉悦，或痛苦），被弱化成信号情绪。自我用信号情绪来评价目前的危险性。信号情绪也被称为信号焦虑。

**信号焦虑**（Signal anxiety）：见信号情感。

**躯体标记假说**（Somatic marker hypothesis）：该假说由达马西奥提出（见第 10 章）。它解释了情绪过程如何引导着人类的行为、选择和决策。

**躯体化**（Somatization）：一种防御，即个体以躯体症状的形式表达无法被接纳的感受，从而缓解其带来的痛苦的冲击力。

**分裂**（Splitting）：一种防御，即个体分离彼此对立、冲突的意识体验，阻止它们的整合，以此防止整合所带来的情绪冲击。

**陌生人焦虑**（Stranger anxiety）：婴儿在约六个月大时出现的一种焦虑。陌生人焦虑是婴儿对下列情境的反应：除母亲或主要照料者之外，有他人在场。

**陌生情境**（Strange Situation）：由安思沃斯设计的实验情境（见第 11 章）。在陌生情境中，研究者会观察孩子的玩耍状态，同时，照料者和陌生人会进入、离开房间。这样可以揭示孩子的依恋模式。

**结构主义**（Structuralism）：心理学的一个分支，该理论试图描绘意识心理的结构。

**结构模型**（Structural Model）：弗洛伊德的第二个精神分析心理模型（见第 8 章）。它把心理分成三个部分：自我、本我和超我。

**结构性观点**（Structural point of view）：在精神分析心理模型中，结构性观点试图探索三个结构——自我、本我和超我的影响，以此理解行为和心理生活的众多方面。

**结构**（Structure）：相对稳定的心理构造，变化速度慢。

**主观自体感**（Subjective sense of self）：出自斯坦恩的理论（见第 12 章），是自体发展的第三个阶段（始于九个月左右）。斯坦恩的理论揭示了在与母亲 / 照料者的互动中，孩子的自体感是如何发展起来的。

**升华**（Sublimation）：一种防御，即个体把某个愿望从最初的目标转移到具有更高社会价值的事情上。

**暗示**（Suggestion）：一种现象，即心理外部（或心理某部分）的某个观念被纳入心理内部（或心理的另一个部分），随后通常会转化为行动。

**超我**（Superego）：出自弗洛伊德的结构模型，是心理的三个重要代理之一。个体的理想、价值观、道德准则和道德训诫所形成的系统位于超我。超我通常被称为道德感。

**压制**（Suppression）：一种防御，即个体有意识地把令人不快的思维或感受放到觉知范围以外。

**象征化**（Symbolization）：一种现象——客体或想法被表征为图像或同样具体的某种东西。

**谈话疗法**（Talking cure）：一种治疗干预，通常指的是心理治疗。这种治疗干预强调互动中的共同叙述。

**心理理论**（Theory of mind）：一种能力，即能够理解以下三点：（1）其他人有信念、渴望和意图，这些内容构成了"心理"；（2）这个心理可能与自己的心理不同；（3）这个心理是他人行为的原因。

**治疗联盟**（Therapeutic alliance）：患者与治疗师之间关系的某些方面，反映出患者能够独立于移情状态或阻抗状态，努力保持合作。

**地形学模型**（Topographic Model）：西格蒙德·弗洛伊德的首个精神分析心理模型（见第 5 章）。该模型把心理分成三个部分：意识、前意识和无意识。

**地形学观点**（Topographic point of view）：在精神分析心理模型中，地形学观点考察行为和心理生活的众多方面能否进入意识，从而试图理解这些方面。

**移情/转移**（Transference）：转移是一种现象——某个无意识愿望把其强度的一部分"转移"到一个被接纳的前意识思维上，从而躲避监察。更常见的转移是移情。移情是一种临床现象，患者把强烈的感受从具有情感重要性的人（经常是童年的客体）那里转移到治疗师身上。

**移情焦点治疗**（Transference-Focused Psychotherapy）：一种心理治疗类型，专用于治疗边缘性人格组织，其治疗原理基于科恩伯格的理论（见第 11 章）。

**过渡客体**（Transitional object）：出自温尼科特的理论（见第 12 章），是孩童珍视的所有物，如玩具熊或毛毯。孩童把它们同时体验为"是自己"又"不是自己"。

**三我模型**（Tripartite Model）：弗洛伊德的结构模型的另一个名字，该模型强调有自我、本我和超我三个结构。

**真实自体**（True self）：出自温尼科特的理论（见第 12 章），是一种自体体验。它合并了个体自身的需要、期望和要求，诞生于促进性养育环境的背景中。

**转向自身**（Turning against the self）：一种防御，即个体把指向另一个人的无法被接纳的愿望（通常是攻击性的）导向自己。

**变被动为主动**（Turning passive into active）：一种防御，即在互动中曾处于被动地位的个体，将自己过去的经历付诸行动时采取了主动的角色，从而回避失去控制或无助的感受和/或回忆。

**孪生移情**（Twinship transference）：出自自体心理学，是心理治疗中的一种情况。患者要求或期望他与治疗师是完全相同的，试图借此增强自体。

**无意识**（Unconscious）：心理中位于觉知范围之外的那部分。

**抵消**（Undoing）：一种防御，即个体通过做相反的事或说相反的话，来抵消前一个行为带来的无法被接纳的性欲的、攻击性的或羞耻的感受。

**言语的 / 明确的自体感**（Verbal/Categorical sense of self）：出自斯坦恩的理论（见第 12 章），是自体发展的第四个阶段（始于 18 个月左右）。斯坦恩的理论揭示了在与母亲 / 照料者的互动中，自体感是如何发展起来的。

**完整客体**（Whole object）：出自克莱因的理论（见第 11 章），另一人被个体体验为完整的和 / 或整合的，尤其是好的方面和坏的方面。

**愿望**（Wish）：一种渴求行为，或一种动机性目的。

# 版权声明